GAOZHIGAOZHUANANQUANJISHUGUANLIZHUANYEGUIHUAJIAOCAI

国家级职业教育规划教材
人力资源和社会保障部职业能力建设司推荐

高职高专安全技术管理专业规划教材

消防安全管理实务

人力资源和社会保障部教材办公室　组织编写

主　编　闫　宁
副主编　薛婷婷　张卢妍

中国劳动社会保障出版社

图书在版编目(CIP)数据

消防安全管理实务/闫宁主编. —北京：中国劳动社会保障出版社，2017
高职高专安全技术管理专业规划教材
ISBN 978-7-5167-3144-4

Ⅰ.①消… Ⅱ.①闫… Ⅲ.①消防-安全管理-高等职业教育-教材 Ⅳ.①TU998.1

中国版本图书馆 CIP 数据核字(2017)第 228548 号

中国劳动社会保障出版社出版发行

(北京市惠新东街 1 号 邮政编码：100029)

*

北京鑫海金澳胶印有限公司印刷装订 新华书店经销

787 毫米×1092 毫米 16 开本 13.75 印张 263 千字

2017 年 9 月第 1 版 2025 年 7 月第 13 次印刷

定价：30.00 元

营销中心电话：400-606-6496

出版社网址：http://www.class.com.cn

“高职高专安全技术管理专业规划教材”

编委会

内容简介

本书为国家级职业教育规划教材，是“高职高专安全技术管理专业规划教材”之一，属于专业核心课程，由人力资源和社会保障部教材办公室组织，根据高等职业学校安全技术管理专业教学标准编写。教材附有教学用电子课件（PPT）供免费下载，下载网址为中国人力资源和社会保障出版集团网站 http://www.class.com.cn。

本书主要内容包括：消防安全管理概述，燃烧与火灾基础，建筑消防安全设施，火灾预防管理，初起火灾处置，消防安全责任与监督和火灾应急救援等。在教材的相关章节，设置了技能实训内容，主要为常见的消防监控设备与器材的使用和相关管理实践运用等，以提高学生实践操作能力。本教材由北京政法职业学院闫宁担任主编，北京政法职业学院薛婷婷、张卢妍任副主编。其中，闫宁负责第三章、第四章的第四节、第五节、第五章、第六章，薛婷婷负责第二章、第七章，张卢妍负责第一章、第四章的第一节、第二节、第三节的内容编写。本书可作为高等院校安全工程专业的教学用书，也可作为建筑、消防等专业的参考教材及工程设计、施工、监理等工程技术及管理人员的参考用书。

前　言

安全生产事关人民群众生命财产安全，事关改革发展稳定大局，事关党和政府形象和声誉。党中央、国务院高度重视安全生产，确立了安全发展理念和“安全第一、预防为主、综合治理”的方针，采取一系列重大举措加强安全生产工作。近年来，随着我国经济建设的快速发展，社会和企业对安全生产应用型人才的需求量日益增多，这给高职高专安全技术管理专业建设带来了新的机遇和挑战。中国劳动社会保障出版社具有安全生产图书出版的传统优势，先后出版发行了高校安全工程专业研究生教材、全国高校安全工程专业本科规划教材和中等职业教育相关教材等。为了发挥专业教材出版优势，更有力地推动安全技术管理专业职业教育的发展和人才的培养，加强教材建设这一专业建设的重要基础工作，国家人力资源和社会保障部教材办公室组织全国高职高专相关院校的知名教师，系统地编写了“高职高专安全技术管理专业规划教材”，并由中国劳动社会保障出版社出版发行。本套教材分为专业核心课程和专业方向核心课程两大类，其中，专业核心课程教材包括《安全生产法律法规》《安全管理》《安全心理学》《安全人机工程》《安全系统工程》《职业健康技术与管理》《安全评价实务》《事故预防与分析》《事故应急救援》《电气安全技术》《防火防爆技术》《安全监测与监控技术》《锅炉压力容器安全技术》《机械安全技术》《安全生产管理文书写作》，专业方向核心课程包括消防、矿山、建设、石油化工、交通运输、工贸等行业领域安全技术管理教材。

本套规划教材的编写注重满足高职高专安全技术管理专业教学课程体系的新发展和教学现状，力求创新，在吸收已有教材成果的基础上，将本学科的最新理论、技术和规范纳入教学内容，并与国家最新的相关政策法规、技术标准保持一致。为满足培养应用型人才的需求目标，整套教材加强了职业教育特色，避免纯理论阐述，强调以实际技能和职业需求带动教学任务，每种教材的技能实训内容丰富，提倡工学结合，增加了可操作性和工作实践性，为学生今后的职业生涯打下坚实的基础。

本套教材的每一种都附有教学用电子课件（PPT）供参考使用，可登录中国人力资源和社会保障出版集团网站 http://www.class.com.cn 免费下载。

在本套教材开发过程中，全国近 20 所高等院校、科研院所的近百名专家和教师积极参与了编写和审定工作，在此向他们表示衷心感谢！同时，由于时间和各因素制约，教材中难免有不足之处，期望专业领域专家和广大师生提出宝贵的意见和建议。

人力资源和社会保障部教材办公室

高职高专安全技术管理专业规划教材编委会

2015 年 7 月

目录

第一章　消防安全管理概述

第二章　燃烧与火灾基础

第三章　建筑消防安全设施

第四章　火灾预防管理

第五章　初起火灾处置

第六章 消防安全责任与监督

第七章 火灾应急救援

第一章
消防安全管理概述

本章学习目标

1. 了解消防、安全管理、消防安全管理的含义。
2. 熟悉消防工作的性质和我国消防机构、消防组织的情况。
3. 熟悉我国消防安全法律法规和标准体系。
4. 掌握我国消防安全管理的方针和原则。
5. 掌握我国消防安全管理的基本方法。

第一节 消防安全管理的概念

一、消防的概念

1. 消防一词的由来

在人们的生产与生活中，火灾是一种不受时间、空间限制，发生频率很高的灾害，这种灾害随着人类用火的历史而伴生。人类同火灾做斗争是从对灭火的认识开始的。在我国古代，雷电、火山爆发、自燃等原因引起的火灾，都被看成是天降灾祸，但是，人们也从自然界雨水熄火认识到水能灭火，所以就有了五行中的“水克火”，周易中的“水火相息”等，并有了“杯水车薪”“远水救不了近火”以及“曲突徙薪”等典故，从而认识到防火的重要性。

我国历史上一般将同火灾做斗争称为“火政”“火禁”“救火”等，“消防”一词并非我国古已有之，古籍中只有“消”“防”两个字的分别解释，“消，尽也，灭也；防，堤也，防御也”。“消防”一词是20世纪初从日本引入我国的，在日本泛指消灭与预防火灾、水灾等灾害。

随着社会经济的发展，科技的多元化，火灾事故多发的问题日益突出，人们对消防的逐渐认识，一个完整的、独立的同火灾做斗争的体系逐步形成。这样，人们就把专门同火灾做斗争称为“消防火灾”，才有了现在的“火灾消防”的特定含义，通常简称为“消防”。目前，根据《现代汉语词典》的解释，“消防”一词的意思是：救火和防火，专指人类针对火灾的预防和扑救活动。

2. 建筑消防工程

从学科角度讲，消防是研究火灾预防和扑救的一门综合性科学。其中，建筑消防工程作为消防技术与管理的基础，是消防工程最重要的组成部分之一，其研究对象为火灾事前、事后的预防、处置与应急的技术措施和管理手段。在建筑消防工程中，用事前的预防技术和最短的时间处置初起火灾最为关键，如建筑工程中的构件耐火、材料阻燃、火灾预警、自动灭火、防烟排烟、安全疏散等技术和措施。同时，为了给消防灭火提供有利时机，现已形成了建筑自防自救内部控火与消防组织接警到场外部灭火相互结合的格局，这样，可以做到最大限度防止和减少建筑火灾带来的严重后果。

二、安全管理的概念

1. 安全

根据系统安全工程的观点，危险是指系统中存在导致发生不期望后果的可能性超过了人们的承受程度。从危险的概念可以看出，危险是人们对事物的具体认识，必须指明具体对象，如危险环境、危险条件、危险状态、危险物质、危险场所、危险人员、危险因素等。一般用危险度来表示危险的程度。顾名思义，安全为“无危则安，无缺则全”，安全意味着不危险，这是人们对安全的基本认识。在系统安全工程中，安全是指生产系统中人员免遭不可承受危险的伤害。在生产过程中，不发生人员伤亡、职业病或设备、设施损害或环境危害的条件，是指安全条件；不因人、机、环境的相互作用而导致系统失效、人员伤害或其他损失，是指安全状况。

2. 安全管理

现代管理学中，管理是指在特定的环境条件下，以人为中心，对组织所拥有的资源进行有效的决策、计划、组织、领导、控制，以便达到既定组织目标的过程。管理具有动态性、科学性、艺术性、创造性的特点，可以分为很多种类，比如行政管理、社会管理、工商企业管理、人力资源管理、情报管理等。

安全管理，就是针对人们生产过程（本教材将其用于火灾防范等公共安全领域）的安全问题，运用有效的资源，发挥人们的智慧，通过人们的努力，进行有关决策、计划、组织和控制等活动，实现生产过程中人与机器设备、物料、环境的和谐，达到安全生产的目标。安全管理的目标是减少和控制危害，减少和控制事故，尽量避免生产过程中由于事故所造成的人身伤害、财产损失、环境污染以及其他损失。安全管理包括安全生产法制管理、行政管理、监督检查、工艺技术管理、设备设施管理、作业环境和条件管理等。一般来说，安全管理的基本对象是生产经营单位，涉及生产经营单位的所有人员、设备设施、物料、环境、财务、信息等各个方面。安全管理内容包括：安全管理机构和安全管理人员、安全责任制、安全管理规章制度、安全策划、安全培训教育、安全档案等。

本教材所指的安全管理既包括用工程技术方法来解决物的不安全状态，也包括用行为控制方法来解决人的不安全行为，从而达到预防事故的目标。

三、消防安全管理的概念

消防安全管理属于我国治安管理范围的一项重要业务工作。治安管理，是治安行政管理的简称，是指公安机关为了维护社会公共秩序，保障社会生活正常进行而依法从事的行政管理活动。治安管理的业务范围包括：公共秩序管理、户政管理、道路交通管理、消防管理、出入境管理、内部单位治安保卫工作和群众性治安防范工作六个方面。

消防安全管理，就是遵循国民经济发展的客观规律和火灾发生发展的规律，依照有关的方针、政策、原则和规章制度，运用管理科学的原理和方法，通过计划、组织、指挥、协调、控制、奖惩等职能，就主管部门的人力、物力、财力、技术、时间和信息等做到最佳的组合，以达到预期的消防安全目标而进行的各种消防活动的总称。简单来讲，消防安全管理就是指预防和扑救火灾的安全管理工作。

我国的消防安全管理工作由政府、职能部门、单位、公民等共同完成，这点在本章的第二节的“消防安全管理的原则”中还会具体阐述。本教材所指的消防安全管理，是指机关、团体、企事业单位层面上的为预防火灾发生、组织扑救初起火灾、配合消防机关和部门调查和处理火灾，减少火灾危害、维护公共安全等所开展的一系列组织活动。

【拓展阅读】

墨子与消防

火灾，对人类生活危害极大，我国早在春秋战国时期，古人便在同火灾做斗争的长期实践中，积累了丰富的经验，并在治理火灾中形成了不少独特的理论。其中，尤以墨子在防范和治理火灾方面具有独到的主张，从防火技术到消防法制，形成了独具特色的系统论述，既有防火技术、设置、建造具体要求；又有明确的数据规定。被今人称为“我国早期消防技术和消防法制规范的萌芽”。

墨子（约公元前468年—376年），名翟，春秋战国时期著名的思想家、军事家、科学家。宋国人，曾任大夫。后长期居住鲁国，聚徒讲学，是墨家的创始人。他的著作《墨子》一书，包含着力学、光学、声学、化学、数学、机械学等许多科学原理。

1. 建筑防火技术

《墨子·号令》载：“城门内不得有室。为周官，垣丈四尺，为倪。”这就是说，城门内不得建有一般的房屋。如果建造达官贵人的房屋，须筑造高一丈四尺的围墙；墙上再建长三尺，高二尺有孔可对外窥视的小墙。这是建筑防火的需要。《墨子·号令》又载：“诸灶必为屏，火突高出屋四尺。”说的是，所有炉灶烧火的灶门部位，必须筑小墙作为屏障，防止炉火往外延烧；炉灶烟囱必须高出屋面四尺。这就针对炉灶用火不慎引起的火灾，强调了炉灶烧火门部位和烟囱的改造。

《墨子·备城门》载：“救熏火：为烟火射火城门之上，凿扇上为弋，涂之，持水麻斗，革盆救之。门扇薄植，皆凿一寸，一涿弋，弋长二寸，见一寸，相去七寸，厚涂之以备火。”这说的是防御敌人用火箭射烧城门的办法：在城门上打上小木桩，用泥涂封。如果起了火，用破布或麻布制作成经油漆的斗，用皮革制成的盆，盛水扑救。具体做法是：在扇门柱上凿一寸深的孔，将二寸长尖圆状的木桩插入孔中，外见一寸；每个小木桩间距七寸。然后在门上涂上厚厚的一层泥，以防火箭射来时起火。

《墨子·备穴》载：“鼠穴，高七尺五寸，广、柱间七尺，二尺一柱；柱下傅（附）舄（xì）（即柱脚石），二柱共负一土，两柱同质横负土。柱大二围半，必固共负土，无柱与柱交者。柱之外，善周涂其傅柱者，勿烧。柱者勿烧，柱善涂其窦际，勿令泄。两旁皆如此。”这里说的是建筑鼠穴（类似坑道）的方法：穴高七尺五寸，宽七尺，柱的间距为二尺，柱下面设有基础。将一板木横在地上，支持两柱，故称“二柱共负一土”。柱大需二围半，使其牢固，能承载顶部的压力。柱与柱之间，设有交叉。在柱的外面仔细涂泥，能防止敌人烧毁。在柱上涂泥时，要特别注意“窦际”，即有缝隙的部位。“勿令泄”，即务必涂抹严密，不能让其漏气，两旁的柱子都要这么做。这里的“泄”字极有道理，用的极巧妙。说明两千多年前的春秋战国时期，人们已认识到火具有无孔不入的特征。墨子的这种细微观察所得，令人叹为观止。

《墨子·备城门》还载：“五十步积薪，毋下二百石（dàn），善蒙涂，毋令外火能伤也。”“城下州道内，百步一积薪，毋下三千石以上，善涂之。”此二条系城上、城下堆积柴薪的防火管理。前者说：城上相距五十步，堆积柴薪，数量不小于二百石（古时一石为120斤）。妥善地用泥涂封覆盖，以防止外火引起火灾。后者说：城下州道内，相距一百步堆积一处柴薪，总量不得少于三千石以上。也要用泥涂封，以防外火引发火灾。

2. 水源、储水和汲水工具规定

《墨子·备城门》载："五步一罂，盛水。有奚蠡，奚蠡大容一斗。"说的是城墙上储水的方法：须每五步设置罂一只。罂，一种瓦制的小口大腹的陶罐。同时，配有可容一斗的奚蠡。奚蠡，即瓠（hù）瓢一类的盛水器具。其容量较小，除供盛水饮用外，也可供救火盛水之用。《墨子·备城门》又载："百步一井，井十瓮，以木为系连。水容器四斗到六斗者百。"这里说的是城内设置水井的方法：每隔一百步设置水井一口。井旁备瓮十只。瓮（wèng）即瓮，装水用的容器。再配有从井中汲水用的木制吊杆和一百只从瓮中取水的容器，这种容器容量为四至六斗。显然，这种井和储水用具的设置，既可供生活之用，更是备火的消防之用。《墨子·备城门》还载："持水者，必以布麻斗、革盆，十步一。为斗，柄长八尺，十大容量二斗以上到三斗。""水瓴（fǒu）容三石以上，大小相杂，盆、蠡各二具。"'城门上所置的以门火者，各一垂水，容三石以上，大小相杂。"这里说的取水用工具的布局、城上消防用水的设置和救城门火灾所备水容量的要求。取水用工具麻斗用破布或麻布制作，再用油漆而成，当中安柄，柄长八尺。斗的容量在二斗以上最大到三斗。麻斗和革盆每十步备一只。如此规模的取水用具，显然用于救火。其城上消防用水的设置：将容三石以上的瓴（同缶，一种陶制储水用具）按照大的和小的相间设置。每只瓴手配以革盆、瓢各两具。其救城门火灾所备水容量要求为："垂"，一种陶制的储水器具，其容量在三石以上，大的和小的相间设置。

3. 防火法令

《墨子·号令》载："慎无敢失火者，失火者斩其端；失火者以为乱者车裂，伍人不得，斩；得之，除。救火者无敢讙譁（huān huá）及离守绝巷救火者斩。里正及父老有守此巷中部吏，皆得救之，部吏亟令人谒之大将，大将使信人将左右救之，部吏失言者斩。诸女子有死罪及坐失火皆无有所失，逮其以火为乱事者如法。"这里发布的是发生火灾后，对有关责任人的处罚：引起火灾的"火首"，处斩；若故意放火以谋乱的，处车裂之刑；与放火者同伍而不举报的，处斩；举报的，可免死罪。同时，救火的人不得喧哗；离开所守之地域，越界他巷去救火的，处斩；此巷失火，里正、父老及看守此巷的部吏都必须救火；部吏须尽最大努力派人去报告大将；大将应派得力的人率领部下前去扑救。如部吏未及时向大将报警求救的，处斩。这里的大将，是指当地驻守的首领。对于妇女所犯上述最轻以至最重的罪，也各依法处理。

上述对有关火灾责任人的处罚，尽管已经分别区分情况对待，但总体上是极其严厉的。

《墨子·号令》又载："官府、城下吏、卒、民皆前后、左右，相传保火；火发自燔、燔曼延燔人，断。"这里，对平时的防火组织与宣传作出了规定：官府的官吏和城内的兵卒、老百姓，实行前后、左右相互连保，而且要相互传告，让大家都知道连保内容。连保，即连环保证不发生火灾，彼此承担防火的责任。一旦发生火灾，烧自己家的，或火势蔓延烧别人家的，直接责任人都要依法判处。连保的人，也在判处之列。

《墨子》中的关于建筑防火技术的规定，水源、储水和汲水工具的规定，防火法令等方面的规定，都深刻表明，早在春秋战国时期，我国的消防技术和消防法制规范已经萌芽。由此不难看出，墨子的消防理论的严谨、规范、具体，实是难能可贵。其消防治理，在当时的社会和民众中，在历史上，影响深远。

第二节　消防安全管理的方针和原则

方针，是指引导事业前进的方向和目标。原则，是说话或行事所依据的法则或标准。一切的管理活动都离不开方针和原则，消防安全管理也是如此。《中华人民共和国消防法》（以下简称《消防法》）第二条规定："消防工作贯彻预防为主、防消结合的方针，按照政府统一领导、部门依法监管、单位全面负责、公民积极参与的原则，实行消防安全责任制，建立健全社会化的消防工作网络。"

一、消防安全管理的方针

针对消防安全管理工作，我国在不同的历史时期，制定了不同的方针。1950 年 7 月 6 日至 8 月 12 日，公安部召开全国治安行政工作会议，时任公安部部长罗瑞卿在此次会议中首次提出消防工作的方针是"防火为主，消防为辅"。由此，我国消防工作由单纯的消极灭火转向积极防火方向。1984 年《消防条例》明文规定：消防工作，实行"预防为主、防消结合"的方针。1998 年 4 月制定颁布的《消防法》和 2009 年新修订的《消防法》都继续沿用了这一方针。

"预防为主、防消结合"的方针具体含义是：在消防工作中，一方面要把预防火灾放在首位，积极采取各种防火措施，防止火灾发生；另一方面要切实做好各项灭火准备，当发生火灾时，能够及时有效地组织灭火，最大限度地减少火灾造成的人身伤亡和财产损失。消防安全管理方针，科学、准确地表达了消防工作"防"与"消"的辩证关系，它不仅反映了人们同火灾做斗争的客观规律，也反映了消防管理的基本规律，同时还指明了消防管理的工作方向和终极目标，体现了我国消防工作的特色，是消防安全管理工作的思想指南。

要贯彻并执行好消防安全管理的方针要求，必须做到以下两点：

1. 预防为主，防患于未然

“预防为主”，就是要求在消防工作中把预防火灾摆在工作首位，将火灾消灭在萌芽状态。为此，一是要健全消防法律、法规和规章制度，动员和依靠人民群众贯彻和落实各项防火的行政措施、组织措施和技术措施；二是要开展经常性的防火安全检查，消除火灾隐患，从根本上防止和减少火灾发生；三是要抓好宣传教育，使人们重视消防工作，同时还要向广大群众普及消防知识，提高防火和扑救初起火灾的能力。

2. 防消结合，做好灭火准备

“防消结合”，就是要求在消防工作的实践中，把同火灾做斗争的两个基本手段——“防”与“消”，有机地结合起来，在做好各项防火工作（监督、检查、建设审批、宣传、教育等）的同时，还要做好各项灭火准备，一旦发生火灾，能够及时发现、有效扑救，最大限度地减少火灾损失。做好灭火准备，一是要有思想准备，树立战备思想，打有准备之仗，一旦发生火灾做到心中有数，科学指挥灭火，快速扑灭火灾；二是要有组织准备，建立一支训练有素的消防队伍；三是要有物资准备，要有相应的消防设施和技术装备。

二、消防安全管理的原则

消防安全是政府、社会管理和公共服务的重要内容，是社会稳定、经济发展的重要保障。各级人民政府必须加强对消防工作的领导，这是贯彻落实科学发展观、建设现代服务型政府、构建社会主义和谐社会的基本要求。政府有关部门对消防工作齐抓共管，这是消防工作的社会化属性决定的。各级公安、建设、工商、质检、教育、人力资源等部门应当依据有关法律法规和政策规定，依法履行相应的消防安全职责。单位是社会的基本单元，是消防安全管理的核心主体。公民是消防工作的基础，没有广大人民群众的参与，消防工作就不会发展进步，全社会抵御火灾的基础就不会牢固。“政府”“部门”“单位”“公民”四者都是消防工作的主体。“政府统一领导、部门依法监管、单位全面负责、公民积极参与”，共同构筑消防安全工作格局，任何一方都非常重要，不可偏废，这是《消防法》确定的消防工作的原则。

1. 政府统一领导

“政府统一领导”明确了政府的消防安全领导责任。

消防工作是政府履行社会管理和公共服务职能的重要内容，是社会稳定、经济发展的重要保障。根据法律规定，各级人民政府应当将消防工作纳入国民经济和社会发展计划，保障消防工作与经济建设和社会发展相适应；地方各级人民政府应当将包括消防安全布局、消防站、消防供水、消防通信、消防车通道、消防装备等内容的消防规划纳入城乡规划，并负责组织实施；各级人民政府应当组织开展经常性的消防宣传教育，提高公民的消防安全意识；各级人民政府应当加强消防组织建设，建立多种形式的消防组织，加强消防技术人才培养，增强火灾预防、扑救和应急救援的能力；县级以上地方人民政府应当组织有关部门针对本行政区域内的火灾特点制定应急救援预案，建立应急反应和处置机制，为火灾扑救和应急救援工作提供人员、装备等保障；地方各级人民政府应当落实消防工作责任制，对本级人民政府有关部门履行消防安全职责的情况进行监督检查；县级以上地方人民政府有关部门应当根据本系统的特点，有针对性地开展消防安全检查，及时督促整改火灾隐患。

2. 部门依法监管

“部门依法监管”明确了部门的消防安全监管责任。

这里所说的监督管理社会消防工作的政府部门，绝非仅仅是指公安机关和消防监督机构，它指的是政府中所有涉及社会消防管理的各个行政部门，公安机关消防监督机构只是其中之一。政府各相关部门是社会消防工作的主体之一，是消防工作社会化不可或缺的构成条件，是建立健全社会化的消防工作网络的重要支撑。

依法监管的“法”，是指《消防法》。对《消防法》提出的政府各部门应当履行的消防法定职责，各部门要认真学习，细心领会，坚决执行，贯彻落实。

国务院2006年第15号文件《国务院关于进一步加强消防工作的意见》首先提出了政府各个部门的消防监督职责，是对《消防法》部门依法监管内容的细化。其中第五条明确规定：“有关部门各负其责，齐抓共管。公安消防部门要认真履行消防监督执法职责，并加强与有关部门的信息沟通，及时将消防安全专项治理以及认定的重大火灾隐患等情况报告当地政府并通报相关部门；安全监管、建设、工商、质检等部门要结合各自职责，对发现的火灾隐患，依法查处或者移送、通报公安消防等部门处理；教育、民政、铁路、交通、农业、文化、卫生、民航、广电、体育、旅游、文物、人防等部门和单位要建立健全消防安全工作领导机制和责任制，制定消防安全管理办法，定期组织消防安全专项检查，及时排查和整改火灾隐患。”这里对政府各部门的消防工作职责和消防工作内容都做了明确的规定。所涉及的政府各部门和单位有18个之多。这些部门和单位所管理的企业、单位遍及社会各个阶层。

3. 单位全面负责

“单位全面负责”明确了单位的消防安全管理责任。

单位是社会的基本单元，是消防安全管理的核心主体。每个单位要对本单位的消防安全负责，单位的主要负责人是本单位的消防安全责任人；各单位要严格落实消防安全责任制和岗位责任制，健全消防安全管理制度；单位应当加强对本单位人员的消防宣传教育，落实消防安全责任；组织防火检查，及时消除安全隐患，保障建筑消防设施完好有效；制定灭火和应急疏散预案，组织消防演练；发生火灾，及时报警和组织扑救。

根据《消防法》第十六条的规定，机关、团体、企业、事业等单位应当履行下列消防安全职责：①落实消防安全责任制，制定本单位的消防安全制度、消防安全操作规程，制定灭火和应急疏散预案；②按照国家标准、行业标准配置消防设施、器材，设置消防安全标志，并定期组织检验、维修，确保完好有效；③对建筑消防设施每年至少进行一次全面检测，确保完好有效，检测记录应当完整准确，存档备查；④保障疏散通道、安全出口、消防车通道畅通，保证防火防烟分区、防火间距符合消防技术标准；⑤组织防火检查，及时消除火灾隐患；⑥组织进行有针对性的消防演练；⑦法律、法规规定的其他消防安全职责。

《消防法》第十七条规定，消防安全重点单位除应当履行以上职责外，还应当履行下列消防安全职责：①确定消防安全管理人，组织实施本单位的消防安全管理工作；②建立消防档案，确定消防安全重点部位，设置防火标志，实行严格管理；③实行每日防火巡查，并建立巡查记录；④对职工进行岗前消防安全培训，定期组织消防安全培训和消防演练。

4. 公民积极参与

“公民积极参与”明确了公民的权利和义务。

公民是消防工作的基础，没有广大人民群众的参与，消防工作就不会发展进步，全社会抵御火灾的基础就不会牢固。公民是参与者，同时也是监督者。不论是在单位还是家庭，公民必须要做好自己身边的消防安全工作。同时公民还有一个职责，就是要监督自己周边所发现的违法行为，对这些违法行为要给予制止，要给予检举揭发，以共同维护好消防安全工作。

根据《消防法》的规定：①任何人都有维护消防安全、保护消防设施、预防火灾、报告火警的义务，任何成年人都有参加有组织的灭火工作的义务。②任何人不得损坏、挪用或者擅自拆除、停用消防设施、器材，不得埋压、圈占、遮挡消火栓或者占用防火间距，不得占用、堵塞、封闭疏散通道、安全出口、消防车通道。③任何人发现火灾都应当立即报警。任何单位、个人都应当无偿为报警提供便利，不得阻拦报警。④火灾扑灭后，相关人员应当按照公安机关消防机构的要求保护现场，接受事故调查，如实提供与火灾有关的情况。

第三节　消防安全法律法规体系

我国的消防安全法律法规体系由消防法律、行政法规、国务院部委规章、地方性法规、地方政府规章及消防技术标准、规范组成，如表1—1所示。

表 1—1　　我国消防安全法律法规体系

类别	主要立法情况	制定、颁布部门
法律	《中华人民共和国消防法》 《中华人民共和国安全生产法》 《中华人民共和国治安管理处罚法》 《中华人民共和国建筑法》等	全国人民代表大会常务委员会
行政法规	《建设工程安全生产管理条例》 《危险化学品安全管理条例》 《娱乐场所管理条例》 《森林防火条例》 《草原防火条例》等	国务院
部门规章	《社会消防技术服务管理规定》 《消防产品监督管理规定》 《建设工程消防监督管理规定》 《消防监督检查规定》 《火灾事故调查规定》 《机关、团体、企业、事业单位消防安全管理规定》等	国务院部委
地方法规	根据《消防法》的原则规定，结合当地实际情况，各省、自治区、直辖市多数颁布了地方性消防法规，如《北京市消防条例》《内蒙古自治区消防条例》等	省、自治区、直辖市的人民代表大会常务委员会
消防技术标准、规范	《建筑设计防火规范》 《建筑内部装修设计防火规范》 《建筑内部装修防火施工及验收规范》 《建筑灭火器配置设计规范》 《自动喷水灭火系统设计规范》 《自动喷水灭火系统施工及验收规范》等	国家标准化管理局或公安部技术监督委员会

一、消防安全法律

消防安全法律是指全国人民代表大会及其常委会制定颁布的与消防有关的各项法律，它规定了我国消防工作的宗旨、方针、政策、组织机构、职责权限、活动原则和管理程序等，用以调整国家各级行政机关、企业、事业单位、社会团体和公民之间消防关系的行为规范。我国现行消防安全方面的法律除《中华人民共和国消防法》之外，有关消防安全管理的法律规范条款还散见于各类相关法律中，如《中华人民共和国刑法》中就规定了与消防管理有关的放火罪，失火罪，消防责任事故罪，重大责任事故罪，危险物品肇事罪，生产、销售不符合安全标准的产品罪，妨碍公务罪，滥用职权、玩忽职守罪等内容。此外，《中华人民共和国治安管理处罚法》《中华人民共和国城乡规划法》《中华人民共和国产品质量法》《中华人民共和国建筑法》等多部法律都有涉及公共安全、城乡消防规划、消防产品质量、建设工程质量等消防安全管理方面的条款。

二、消防安全行政法规

行政法规是国务院根据宪法和法律，为领导和管理国家各项行政工作，按照法定程序制定出来的规范性文件。与消防安全有关的行政法规主要有《国务院关于特大安全事故行政责任追究的规定》《危险化学品安全管理条例》《大型群众性活动安全管理条例》《森林防火条例》《草原防火条例》等。

三、部门消防安全规章

部门规章是国务院各部门在本部门职权范围内，根据法律和国务院的行政法规、决定、命令制定，并以部门首长签署命令的形式颁布的规范性文件。部门消防规章如公安部颁发的《机关、团体、企业、事业单位消防安全管理规定》《建设工程消防监督管理规定》《公共娱乐场所消防安全管理规定》，这些规定是为了更好地贯彻消防法律、行政法规，结合消防工作的需要而制定的，也是社会各单位和公民应当自觉遵守的。

四、地方性消防安全法规

地方性法规是由省、自治区、直辖市以及省级人民政府所在地市和经国务院批准的较大市的人民代表大会及其常务委员会，根据本地具体情况和实际需要，在与宪法、法律和行政法规不相抵触的情况下，制定的规范性文件。地方性消防安全法规，例如，《北京市消防条例》《上海市消防条例》等，这些也是消防安全工作的重要依据。

五、消防安全技术标准、规范

消防安全技术标准、规范是国务院各部委或各地方部门依据《中华人民共和国标准化法》的有关法定程序单独或联合制定颁发的，用以规范消防安全技术领域中人与自然、科学技术关系的准则或标准。这些消防安全技术标准、规范是消防安全科学管理的重要技术基础，是建设、设计、施工、工程监理单位，生产单位，行政机关开展工程建设、产品生产、消防安全监督工作的重要依据，都具有法律效力，必须遵照执行。

消防安全技术标准、规范可划分为：国家标准、行业标准以及地方标准。国家标准是由国务院标准化行政主管部门制定，在全国范围内统一的技术要求。行业标准由国务院有关行政主管部门制定，并报国务院标准化行政主管部门备案，是对没有国家标准而又需要在全国某个行业范围内统一的技术要求。地方标准由省、自治区、直辖市标准化行政主管部门制定，并报国务院标准化行政主管部门备案，是对没有国家标准和行业标准而又需要在省、自治区、直辖市范围内统一的技术要求。

消防安全技术标准、规范，根据其强制约束力不同，可划分为强制性标准和推荐性标准。保障人体健康，人身、财产安全的标准、规范和法律、行政法规规定必须执行的标准、规范为强制性标准，其他为推荐性标准。强制性标准必须执行；推荐性标准，国家鼓励企业自愿采用。消防安全技术标准、规范一般都是强制性标准。

第四节　消防安全工作的性质与组织机构

一、消防安全工作的性质

俗话说："水火无情"。无数的事实告诫我们：火灾是威胁公共安全，危害人民生命财产安全的灾害之一，具有很大的破坏性，对社会产生的危害极大。因此，消防安全工作是一项十分重要的工作。它关系到国计民生和社会安定，同每个部门、每个单位以及每个家庭和个人，都有着密切的联系。做好消防安全工作，对于保卫社会主义现代化建设事业，保障人民生命财产免受火灾危害，具有重大的意义。

消防安全工作是为了加强和创新消防安全管理，落实责任，强化预防，整治隐患，夯实基础，进一步提升火灾防控和灭火应急救援能力，不断提高公共消防安全水平，有效预防火灾和减少火灾危害，为经济社会发展、人民安居乐业创造良好的消防安全环境。长期经验证明，消防安全工作既具有广泛的社会性、常态化，又是一项综合性、技术性很强的全方位系统工作。

二、消防机构

消防机构是国家为领导、协调、组织和实施消防管理工作而设立的各级、各类常设和非常设的机关、机构。目前，我国的消防机构由公安消防机构、防火安全委员会和森林防火指挥部三部分构成。

1．公安消防机构

公安消防机构是各级公安机关的职能业务部门，接受主管公安机关的领导和上级公安机关消防机构的业务指导。

根据《消防法》的规定，国务院公安部门对全国的消防工作实施监督管理，县级以上地方各级人民政府公安机关对本行政区域内的消防工作实施监督管理，并由本级人民政府公安机关消防机构负责实施。

公安部设消防局，各省、自治区、直辖市设消防总队，各地、市、州、盟和直辖市城区设消防支队，各县、市、区、旗设消防大队、中队，分别承担各级公安机关所属辖区消防工作的统一组织、指挥、协调、领导和消防监督管理职能。

公安消防大队（应急救援大队），是公安机关为负责一个县（市）级辖区的公共消防安全和人民生命财产安全而设立的专门消防机构，是公安部消防局下属的武警消防部队的营级建制部队，维护地方稳定和社会发展。大队主要负责辖区内机关、团体、企事业单位的防火监督、建筑工程消防审核验收、开业前消防检查、消防知识普及、消防业务培训和对所属中队的管理等业务；所属消防中队主要担负着辖区内的灭火救援、社会救助等任务。

2. 防火安全委员会

防火安全委员会是各级党委和政府为加强消防安全工作，在各级地方政府或大型企业内专门负责管区内消防安全工作的不定编政府或企业领导机构，是推动各部门组织和发动群众做好防火工作、减少火灾损失的一种组织形式。

（1）防火安全委员会的组建

省、市、县、市辖区、街道办事处、乡镇政府应当建立防火安全委员会。一些系统、行业的企事业单位根据其规模的大小建立防火安全委员会或防火安全领导小组。

防火安全委员会由主管或分管防火安全工作的省长（自治区主席）、市长、区（县）长、乡（镇）长任主任，吸收发改、安监、教育、财政、政法、农林、公交、劳动和群众团体等有关部门的领导参加，还可吸收一定数量的有关安全和消防方面的专家参加委员会的工作。企事业单位的防火安全委员会或者领导小组由单位行政领导兼主任，吸收生产、动力设备、安全技术、劳动工资、工会、保卫等处（科）室负责人参加。

各级公安消防机构是同级政府防火安全委员会的办事机构。街道办事处、乡镇的防火安全委员会的办事机构是公安派出所。企事业单位的防火安全委员会的办事机构是该单位的保卫或安全生产管理部门。

（2）防火安全委员会的性质

由于防火安全委员会是由政府各部门有决策权的领导成员组成，在企事业单位由各职能部门领导成员组成的，因而决策是有效的，并能组织和领导各方面力量推行它的决策。防火安全委员会虽然不是正式列编的机构，但是，它是政府或企事业单位委托并授予其特殊职权的正式委员会，是政府、企事业单位的一个参谋、咨询、协调性质的机构。

（3）防火安全委员会的职责

各级防火安全委员会的主要职责有：①执行国家消防安全法律、法规，贯彻本级政府和上级有关消防安全工作的指示，研究本地区消防安全工作，督促、检查贯彻执行的情况。②督促各单位、部门履行消防安全职责，确定消防安全负责人，落实消防安全责任制。③根据季节性特点和消防安全的需要，组织有关部门联合开展消防安全执法检查和消防安全专项检查。④督促行业、系统和社会各单位贯彻实行国家消防安全法律、法规，整改火灾隐患。⑤组织开展消防安全专项治理和消防安全宣传活动。

3. 森林防火指挥部

（1）国家森林防火指挥部

1987 年 7 月，经国务院和中央军委批准，国家成立了森林防火总指挥部，负责加强对全国森林防火工作的领导，保护国家森林资源，防止和减少森林火灾的危害。当时，国家森林防火总指挥部由国务院副总理兼任总指挥，由国家计划委员会、公安部、财政部、建设部、铁道部、交通部、农业部、邮电部、民政部、卫生部、商业部、林业部、国家民航总局、国家物资总局和国家气象局 15 个部局各出一位副职行政首长为总指挥部成员。国家森林防火总指挥部办公室设在林业部，由总指挥部成员、林业部副部长任秘书长兼办公室主任。

2006 年 5 月 29 日，为进一步完善预防和扑救森林火灾的组织指挥体系，经国务院同意［《国务院办公厅关于成立国家森林防火指挥部的通知》国办发（2006）41 号］，成立国家森林防火指挥部。国家森林防火指挥部总指挥由国家林业局局长担任，副总指挥由国家林业局、总参作战部、武警部队各一人担任；由外交部、发展改革委员会、公安部、民政部、财政部、铁道部、交通部、信息产业部、农业部、民航总局、广电总局、中国气象局、新闻办、总参动员部、总参陆航部、武警森林指挥部 16 个国务院部委局的一位副职行政首长为指挥部成员，国家森林防火指挥部办公室设在国家林业局。

当前，国家森林防火指挥部主要职责是：指导全国森林防火工作和重特大森林火灾扑救工作，协调有关部门解决森林防火中的问题，检查各地区、各部门贯彻执行森林防火的方针、政策、法律、法规和重大措施的情况，监督有关森林火灾案件的查处和责任追究，决定森林防火其他重大事项。

（2）地方森林防火招挥部

地方森林防火指挥部是在各级人民政府领导下的森林防火工作领导机构。总指挥一般由各级人民政府主管林业的负责同志兼任。办公室设在林业系统的公安机关。

三、消防组织

我国的消防组织是指公安消防队、专职消防队和志愿消防队。

1. 公安消防队

公安消防队，是由公安消防机构领导下的专门从事火灾扑救工作的军事化组织队伍，是我国消防组织的主体和中坚力量。

武警消防部队系中国人民武装警察部队序列的一个警种，是公安机关的重要职能部门，也是国家武装力量的重要组成部分。担负着公安消防保卫任务和应付突发事件的双重职能，新《消防法》第三十七条规定消防部队按照国家规定承担重大灾害事故和其他以抢救人员生命为主的应急救援工作，是党和人民的忠诚卫士。武警消防部队执行中国人民解放军的条令条例和供给标准，享受解放军的同等待遇。消防部队人员配额为国家兵役编制，人员工资服装生活费由国防经费支出，所需消防车辆及装备器材等消防业务经费由所在地方财政开支。

根据《公安消防部队执勤战斗条令》的规定，公安消防队执行执勤备战、扑救火灾和参加其他灾害或者事故的应急救援工作三项具体任务。

（1）执勤备战

公安消防队作为专业化扑救火灾的战斗队伍，必须随时做好战斗准备，接到报警或者命令立即出动，迅速、安全地赶赴现场，实施灭火与应急救援。

公安消防部队各级值班、执勤人员应当按照职责分工熟悉辖区下列情况：一是道路交通、消防水源情况；二是消防安全重点单位的数量、分类和分布情况；三是消防安全重点单位建筑结构和使用情况；四是消防安全重点单位重点部位情况；五是消防安全重点单位内部消防设施和消防组织情况；六是主要灾害事故的类型和处置对策、基本程序。

为确保灭火战斗的胜利，公安消防部队应当严格执行执勤战斗装备的管理，保证随时处于完好战备状态。执勤战斗装备不得用于与执勤战斗无关的事项。同时，必须按规定的要求严格教育训练，熟悉责任区有关情况，制定和掌握重点单位的灭火作战计划，搞好器材装备的维修、保养和供应，建立正规的执勤秩序和制度。

（2）扑救火灾

当接到火灾及其职责任务范围内的警报或者上级命令时公安消防部队必须立即出动。

接警人员必须迅速准确受理报警，问清发生火灾或者其他灾害事故的种类、危险程度、有无人员被困或者伤亡、发生灾害事故的单位名称、详细地址、报警人姓名等情况，同时启动录音计时设备。

受理报警后，应当根据灾情、预案和调动方案，迅速调派力量，及时了解灾害事故现场情况，并立即向全勤指挥部和值班首长报告，根据需要和指挥员的命令通知供水、供电、供气、通信、医疗救护、交通运输、环境保护等有关单位、技术专家到场配合作战行动。

公安消防部队在灭火战斗中，应当按照先控制、后消灭，集中兵力、准确迅速，攻防并举、固移结合的作战原则，果断灵活地运用堵截、突破、夹攻、合击、分割、围歼、排烟、破拆、封堵、监护、撤离等战术方法，科学有序地开展火灾扑救行动。

根据火场情况，主要灭火力量应当部署在下列重点部位：一是有人员受到火势威胁的地点及抢救、疏散的路线：二是可能引起爆炸、毒害物质泄漏的部位；三是重要物资受到火势威胁的部位；四是火势蔓延方向以及可能造成重大损失的部位：五是参战力量实施内攻救人灭火的部位；六是毗邻建筑受到火势威胁的部位。

当火场遇有人员受到火势威胁时，应当迅速抢救疏散，采取相应的灭火措施，并按照下列要求抢救人员：一是充分利用建筑物的安全疏散通道、安全出口、疏散楼梯、消防电梯、外墙门窗、阳台、避难层（间）等途径和举高消防车、消防梯，以及其他一切可以利用的救生装备进行施救；二是采取排烟、防毒、射水等措施，减少烟雾、毒气、火势对被困人员的威胁；三是稳定被困人员的情绪，防止跳楼或者因拥挤踩踏造成人员伤亡；四是进入燃烧区抢救被困人员时，应当仔细搜索各个部位，做好记录，防止遗漏；五是对被救者采取防毒保护措施，对在救助过程中和已抢救疏散出的危重伤员应当由具备急救资质的人员进行现场急救，对遇难人员也应当及时搜寻、妥善保护。

火灾扑救中，应当按照下列基本要求，积极疏散和保护物资，努力减少损失：一是遇有易燃易爆物品或者贵重仪器设备、档案资料以及珍贵文物受到火势威胁时，应当首先予以疏散；受到火势威胁的物资和妨碍救人灭火的物资也应当予以疏散；二是对难以疏散的物资，应当采取冷却或者使用不燃、难燃材料遮盖等措施加以保护；三是疏散物资应当在指挥员的统一指挥和起火单位负责人、工程技术人员的配合下，根据轻重缓急有组织地进行；四是从火场抢救出来的物资应当指定放置地点，指派专人看护，严格检查，防止夹带火种引起燃烧，并及时清点和移交。

（3）参加其他灾害或者事故的应急救援工作

《消防法》第37条规定："公安消防队、专职消防队按照国家规定承担重大灾害事故和其他以抢救人员生命为主的应急救援工作。"

公安消防部队依照国家规定主要承担下列重大灾害事故和其他以抢救人员生命为主的应急救援工作：一是危险化学品泄漏事故；二是道路交通事故；三是地震及其次生灾害；四是建筑坍塌事故；五是重大安全生产事故；六是空难事故；七是爆炸及恐怖事件；八是群众遇险事件。

公安消防部队参加重大灾害事故的应急救援工作，应当在县级以上人民政府的统一领导和公安机关的指挥下实施，并根据本地应急救援任务的需要，制定、启动应急救援预案，采用正确的处置措施，严密组织救援行动，最大限度地减少人员伤亡和财产损失。

2. 专职消防队

专职消防队是指除公安现役消防部队以外的有站点和车辆器材装备，集中驻勤承担火灾预防、火灾扑救及其他灾害或事故抢险救援工作的消防组织。是负责本地区、本单位预防、扑救火灾工作的灭火队伍。专职消防队伍特别是政府专职消防队作为承担火灾扑救、应急救援任务的社会公益组织，履行着公共安全服务职能，是现阶段我国消防力量体系的重要组成部分。

目前，我国专职消防队分城镇人民政府专职消防队和单位专职消防队，它是公安消防队的有力助手。

根据《消防法》第36条规定，“县级以上地方人民政府应当按照国家规定建立公安消防队、专职消防队，并按照国家标准配备消防装备，承担火灾扑救工作。乡镇人民政府应当根据当地经济发展和消防工作的需要，建立专职消防队、志愿消防队，承担火灾扑救工作。”

《消防法》第39条规定：“下列单位应当建立单位专职消防队，承担本单位的火灾扑救工作：（一）大型核设施单位、大型发电厂、民用机场、主要港口；（二）生产、储存易燃易爆危险品的大型企业；（三）储备可燃重要物资的大型仓库、基地；（四）第一项、第二项、第三项规定以外的火灾危险性较大、距离公安消防队较远的其他大型企业；（五）距离公安消防队较远、被列为全国重点文物保护单位的古建筑群的管理单位。”

专职消防队与公安消防队的区别，主要在于人员构成不同，专职消防队队员，一般实行招聘制，通过向社会公开招聘人员组成专职消防队；公安消防队队员，则是按照兵役制组成的，是一支军事化的队伍。

政府专职消防队与企事业单位专职消防队的区别，一是在于组建主体不同，前者由地方人民政府负责组建，后者由大中型企业、公用事业单位等组建；二是在于服务对象不同，政府专职消防队承担的任务面向当地社会和人民群众。企事业单位专职消防队一般服务于本企业或者本单位。

专职消防队主要承担以下职责：一是承担责任区消防安全宣传教育培训，普及消防知识；二是定期进行防火检查，督促有关单位和个人落实防火责任制，及时消除火灾隐患；三是建立防火检查档案，按照国家规定设置防火标志；四是掌握责任区域的道路、消防水源、消防安全重点单位、重点部位等情况，建立相应的消防业务资料档案；五是制定本辖区、本单位消防安全重点单位、重点部位的事故处置和灭火作战预案，定期组织演练；六是扑救火灾，保护火灾现场，协助有关部门调查火灾原因、处理火灾事故；七是接受公安消防机构指挥调动，协助公安消防部队扑救外辖区、外单位火灾，参加各种抢险救援工作。

3. 志愿消防队

志愿消防队，主要是企业、事业单位或者其他基层组织建立的群众性的志愿组织。其最大的特点是自发性和志愿性，其主要任务是配合公安消防队或者专职捎防队开展火灾扑救工作。

《消防法》第41条规定："机关、团体、企业、事业等单位以及村民委员会、居民委员会根据需要，建立志愿消防队等多种形式的消防组织，开展群众性自防自救工作。"

我国的志愿消防队建设起步较晚，1984年全国人大常委会第五次会议批准的《消防条例》第16条规定，企业事业单位根据需要设立群众义务消防队或者义务消防员，负责防火和灭火工作，所需经费由本单位开支。根据1998年的《中华人民共和国消防法》的规定，镇人民政府可以根据当地经济发展和消防工作的需要，建立专职消防队、义务消防队，承担火灾扑救工作；机关、团体、企业、事业单位以及乡、村可以根据需要，建立由职工或者村民组成的义务消防队。根据2008年修订实施的《消防法》第36条的规定，首次将"义务消防队"改为"志愿消防队"，体现了群众消防的志愿性。

志愿消防队由单位防火安全委员会或者防火负责人领导，并由保卫部门进行具体业务指导；在街道由公安派出所领导，公安消防机构予以业务指导。

志愿消防队主要承担以下职责：一是参加消防业务培训，提高消防工作能力；二是具体负责辖区消防设施、器材的维护保养，确保完整好用；三是定期开展灭火、救生技能训练，灭火战术训练；四是制定社区灭火作战预案，定期开展灭火、逃生演练；五是举办居民灭火技能、逃生知识培训班，提高居民自救能力；六是承担社区消防值班任务，随时接受群众救助；七是辖区发生火灾，及时组织疏散周围群众，拨打"119"火警电话报警，迅速扑救初起火灾，协助消防队员扑灭一般火灾。

第五节　消防安全管理的基本方法

消防管理基本方法，是指公安消防机构为实现消防管理的目的而采取用的实施消防管理的各种途径、措施、活动的总和，是公安消防管理活动的基本表现形式。消防安全管理的基本方法具有目的性、权威性、强制性和互补性。公安消防机构为实现消防安全管理的目的，采用行政的、法律的、教育的、经济的等多种手段和方法实施。这些手段和方法的综合运用，逐渐形成了有专业特色的消防安全管理的基本方法。

一、完善法规体系

依法治国的基本方略要求国家的各项行政管理工作均应做到有法可依，有法必依，执法必严，违法必究。消防安全管理工作涉及千家万户、方方面面，必须要有完善的法律、法规作依据，依法调整各种社会关系，依法处理相关的专业问题。我国《消防法》颁布之后，有关部门和地方先后制定了大量的相应配套法规和规章，消防安全管理工作法律、法规体逐步完善。但是，随着我国经济和社会的飞速发展，对消防工作的要求越来越高，消防安全管理工作中的新问题、新情况不断出现。因此，不断完善消防法律、法规是消防安全管理工作适应社会发展、完成管理任务的基本方法之一。

健全的消防安全管理机构和组织是消防安全管理工作实施的必要前提和基本方法之一。我国《消防法》明确规定了公安消防安全管理机构的职责、权限，为公安消防机构消防安全管理工作的开展提供了法律依据和组织保障。同时，《消防法》还规定了公安消防队、专职消防队和志愿消防队等消防组织的职责、义务和组织形式等，为我国各类消防组织的建设和发展奠定了基础。健全的消防安全管理机构和组织，不仅是消防安全管理工作的组织保障，也是不断发展、提高我国消防安全管理工作水平的基本方法。

二、制定发展规划

人类社会历史发展证明，消防事业的发展及其水平必须适应社会发展的要求，特别是消防基础设施的建设必须与社会发展同步，不断满足经济与社会发展对消防工作的需求。在现代社会，消防事业的发达不仅表现在人类灭火技术水平的提高和先进科学技术在灭火中的应用，而更重要的是在防火方面，运用各种先进科学技术手段有计划地预防火灾，并在各项建设中不断加强基础设施的投入和建设。基础设施不仅是预防火灾的必要手段和措施，而且是及时扑救火灾，减少火灾危害的重要物质保障。将消防事业纳入经济和社会发展之中，统一规划，同步发展，是保证消防事业发展的关键性环节。

消防基础设施的建设，特别是城市消防基础设施的建设，涉及城市发展规划，必须与各项公共设施统一规划，同步建设。

三、严格审核验收

消防验收一般是针对建筑工程方面来说的，是指对消防设计审核内容进行检查和必要的系统性能测试，是对消防设计的再把关，也是对建筑工程整体消防性能的把关。

公安消防机构依法对建筑工程的消防设计进行审核和验收，是消防安全管理的基本方法之一。根据《消防法》的规定，建筑工程的消防设计未经公安消防机构审核，或者经审核不合格的，建设行政主管部门不得发给施工许可证；建筑工程消防验收不合格的，施工单位不得交工，建筑物的所有者不得接收使用。也就是说，经公安消防机构消防设计审核、消防验收并许可，建筑工程的设计方、施工方、所有者，才能依法行使其建设和使用的权利。

对建筑工程的消防设计审核和验收是预防火灾和减少火灾损失的关键与基础。建筑设计是工程建设的源头，就建筑的消防安全而言，防火间距、防火分区、建筑结构耐火性能、建筑内部安全疏散、各类固定消防设施等只有在建筑设计时一并考虑，才可能在施工预算、施工安装中得到落实。因此，设计阶段是保证建筑物消防安全的关键。消防设计审核则是对这一关键关口的把关。通过消防设计审核，监督国家建筑工程消防技术标准的执行情况，保证各项防火措施落实到位，从根本上消除先天性火灾隐患。

四、加强监督检查

消防监督检查是指公安消防机构依法对机关、团体、企业、事业单位遵守消防法律、法规情况进行的监督检查，对违反消防法律、法规的行为，责令改正，并依法实施处罚的执法活动。消防监督检查是《消防法》赋予公安消防机构的一项主要职责，也是消防安全监督管理的基本方法。

公安消防机构及管理人员依法对单位和个人是否遵守消防法律、法规和执行有关消防安全管理规定、技术标准情况所进行的强制性调查了解，是消防安全管理的基本方法之一，也是一项经常性执法活动。通过消防监督检查可以及时发现、纠正各种火灾隐患和违反消防安全管理的行为，消除各种火灾隐患，制裁各种违反消防安全管理的行为，切实预防火灾发生，保护公共财产和人民生命、财产安全。

消防监督检查主要是对建筑物或者施工场所在施工、使用或者开业前有关法律手续的履行情况，已经通过消防设计审核和消防验收合格的建筑工程项目的使用情况与消防安全管理情况的检查，包括：对消防安全重点单位的定期监督检查和对非消防安全重点单位的抽样监督检查；对公众聚集场所使用或者开业前和具有火灾危险的大型群众性活动举办前的消防监督检查；对举报、投诉的违反消防法律、法规行为的监督检查；针对重大节日、重大活动和火灾多发季节的消防监督检查等多种形式的监督检查。消防监督检查人员进行消防监督检查，对发现有违反消防安全管理的行为，应当责令其当场改正，或限期改正，情节严重的，还应当依法予以行政处罚。

五、提高作战水平

及时扑救火灾，减少火灾危害是消防安全管理工作的重要任务之一。加强灭火队伍建设和灭火战术研究，提高灭火作战水平，及时扑救各种火灾，减少火灾危害，是消防安全管理工作的基本方法之一。公安消防机构要加强对各种形式的消防队伍的领导和指挥，不断提高消防队伍的灭火作战能力。扑救火灾不仅是公安消防机构和消防组织的一项重要业务，也是一门科学。因此，要大力加强消防科学的研究，积极推进国际消防技术交流与合作，不断提高灭火作战的水平。提高灭火作战水平离不开先进的技术装备，各级政府应逐步加大财政投入，尽快改善消防队（站）的技术装备，以适应现代灭火作战的要求，最大限度地减少火灾危害。

六、做好宣传教育工作

消防宣传教育是指以普遍提高全社会的消防意识和消防能力为目的，以宣传消防工作的方针、原则、法律和消防基础知识、基本技能为内容的宣传教育活动，是公安消防安全管理的基础性工作，也是公安消防安全管理的基本方法之一。广泛开展消防宣传教育，对于普遍提高全民消防法制观念、消防安全意识和素质，落实各种消防安全措施，全面推进消防安全管理工作，具有重要的现实意义。

消防宣传教育不仅是公安消防机构的重要职责，也是社会各界的职责。《消防法》第六条规定："各级人民政府应当组织开展经常性的消防宣传教育，提高公民的消防安全意识……教育、人力资源等行政主管部门和学校、有关培训机构应当将消防知识纳入教育、教学、培训内容。新闻、广播、电视等有关单位，应当有针对性地面向社会进行消防宣传教育……"公安消防机构应当积极参加政府组织的各种消防宣传教育活动，大力支持各部门的消防宣传教育工作，并充分发挥专门机构的参谋、指导和协调作用。

消防宣传教育内容的确定应有针对性，即针对不同的对象、不同的消防工作形势来确定，一般内容应包括：第一，消防法律、法规和消防技术规范。消防法律、法规包括消防法律、消防行政法规、地方性消防法规、部门和地方消防规章等；消防技术规范包括建筑工程消防技术标准和消防产品技术标准等。第二，消防知识和消防技能，主要是消防基础知识和消防基本技能。例如燃烧知识，电气防火、建筑防火、家庭防火以及灭火等基础知识，火场逃生与自救技能，建筑自动消防系统维护、保养、操作及各种消防器材使用方法等。

消防宣传教育的形式应当多种多样，以群众喜闻乐见为宜。首先，要充分利用新闻、出版、广播、电影、电视、网络等公众传播媒介，广泛传播消防安全知识，具体方法有消防公益宣传，举办消防知识讲座和消防知识竞赛，定期公布火灾情况，对典型火灾进行公开报道，公布对火灾事故责任者的处理情况等。其次，要抓好对特殊群体的消防宣传教育。各行各业和各有关单位要把消防知识纳入职工培训之中。消防设备操作控制人员、企业专职和兼职防火人员与易燃易爆等特定岗位的人员，必须经过消防专项培训，学习掌握相应的防火灭火知识，经考试合格取得证书后方可上岗。各高等、中等院校要结合各专业的特点，适当安排消防教学内容。中小学校也要适当进行一些消防教育，并制定紧急情况下保护学生的安全措施，经常举办各种消防演练活动。最后，公安消防机构除开展经常性消防宣传教育外，还要结合实际工作，针对消防安全重点单位、火灾隐患和不同季节等开展专项消防宣传教育。可采取上门宣讲、专题讲座、推荐音像教材、组织学习班等多种形式，广泛深入地开展消防宣传教育。

七、从严调查处理事故

火灾发生后，公安消防机构要及时查明火灾原因，分清火灾事故责任，并依法追究火灾事故责任者的法律责任。这样，不仅使违法者依法受到处理，同时，还可以教育广大群众自觉遵守、认真执行消防法规，落实防火安全责任制。及时调查处理火灾事故，对于掌握火灾发生、发展规律，不断改进和加强消防工作也具有十分重要的意义。因此，及时调查处理火灾事故是消防安全管理的基本方法之一。

依法严厉制裁各种消防违法、犯罪行为，这是消防安全管理工作依法管理原则的必然要求。各种消防违法、犯罪行为严重扰乱消防安全管理秩序，危害公共安全，有的造成重大火灾事故，给公共财产和人民生命财产带来巨大损失。因此，公安消防机构必须严厉依法制裁各种消防违法、犯罪行为。

复习思考题

1. 消防安全管理的含义是什么？
2. 消防工作的性质是什么？
3. 如何正确理解我国消防安全管理的方针？
4. 如何正确理解我国消防安全管理的原则？
5. 结合实际情况，谈谈你在消防安全管理中的权利与义务。

第二章

燃烧与火灾基础

本章学习目标

1. 熟悉燃烧的含义及分类。
2. 掌握燃烧的条件以及燃烧的产物。
3. 掌握火灾的定义及火灾分类方法。

第一节　燃烧的定义及条件

燃烧是一种化学反应，伴随发光、发热的现象。在燃烧的过程中，可燃物与氧化剂相互作用，有的物质被氧化，有的物质被还原，生成了与原来完全不同的物质。由于氧化的速度快，反应剧烈，因而氧化的过程中放出大量热，这些热会把燃烧产物加热到发光的程度，火焰就是燃烧发光、发热的物理表现。燃烧的特征是有热产生，有发光的现象，如图 2—1 所示。

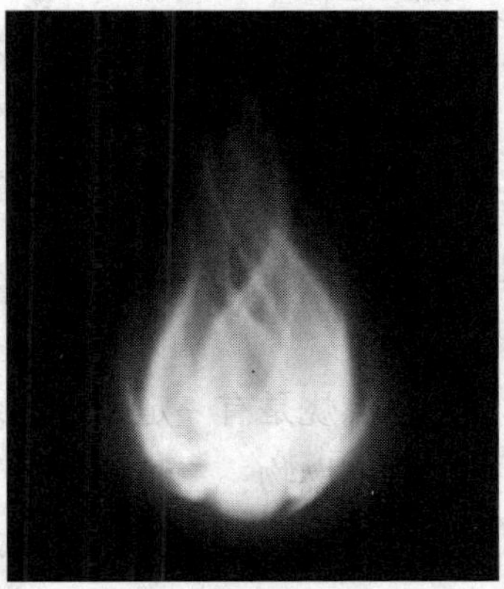

图 2—1　燃烧的现象

一、燃烧的本质

根据近代燃烧理论，燃烧是一种游离基的链锁反应，也是目前被广泛承认并且较为成熟的一种解释。链锁反应也叫链式反应，它是由一个单独分子游离基的变化而引起的一连串分子变化的化学反应。游离基又称自由基，是化合物或单质分子在外界的影响下分裂而成的含有不成对价电子的原子或原子团，是一种高度活泼的化学基团，一旦生成即诱发其他分子迅速一个接一个的自动分解，生成大量新的游离基，从而形成了更快、更大的蔓延、扩张、循环传递的链锁反应过程，直到不再产生新的游离基为止。因此，在这个过程中介入抑制剂抑制游离基的产生，链锁反应就会终止，进而燃烧就会停止。

二、燃烧的特征

燃烧通常具有以下三个主要特征：

1. 氧化还原反应

根据物质燃烧的化学反应式可知，任何物质的燃烧，都是可燃物与氧化剂作用发生的氧化还原反应，而该反应一定是一种剧烈的氧化还原反应。

2. 放热并伴有火焰

凡是燃烧反应都有热量生成，这是因为燃烧反应都是氧化还原反应。氧化还原反应在进行时总是有旧化学键的断裂和新化学键的生成，化学键断裂时要吸收能量，化学键生成时要放出能量。由于燃烧反应中，化学键断裂是吸收的能量要比化学键生成时放出的能量少，所以燃烧反应都是放热反应，并且伴有火焰。

3. 发光和发烟

燃烧过程中，物质中的电子收到能量远离质子，然后再靠近质子，这个时候产生特定频率的光子，这样就见到了光。不同物质发出的光子的频率并不一样，所以能够在燃烧中看到不同颜色的火焰。

燃烧过程中有固体（烟，比如说煤炭未完全燃烧产生的炭黑）或液体颗粒（比如说氢气和氧气燃烧时产生的水在较低气温下冷却成水雾）产生的情况时就可以看到烟，还有一种情况是产生有颜色的气体的情况下也可以看到烟（比如说燃烧产生的 NO_2 气体在空气中会让人觉得产生棕黄色的烟气，其实按烟雾的定义来说并不是烟）。

三、燃烧的条件

发生燃烧是有一定条件的。要发生燃烧必须同时具备三个条件：一是要有可燃物；二是要有助燃物；三是要有着火源。这三个要素缺一不可，因此，可燃物、助燃物、着火源也被称为燃烧的三要素。图 2—2 所示为燃烧三角形，俗称“火三角”，它形象地解释了燃烧和火灾发生的必要条件。

1. 可燃物

可燃物是指标准状态下在空气中能够燃烧的物质。广义地讲，无论在什么条件下，凡是能够燃烧的物质都是可燃物。如木材、酒精、棉花、汽油、甲烷、氢气等都是可燃物。

可燃物按照其燃烧的难易程度。可分为易燃物、准燃物和难燃物三类。

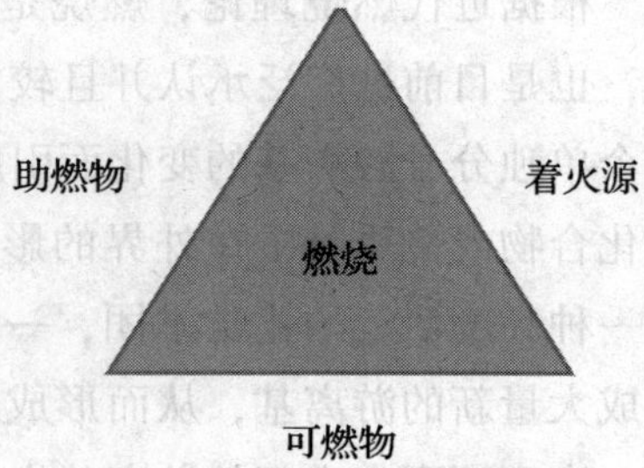

图 2—2　燃烧三角形

易燃物是指在低于空气的氧浓度下遇着火源即可持续有焰燃烧的物质。通常指氧指数（氧指数是指在规定条件下，材料在氧氮混合气流中进行有焰燃烧所需的最低氧浓度，以氧所占的体积百分数的数值来表示。氧指数高表示材料不易燃烧，反之表示材料容易燃烧。）小于 22 的物质。

准燃物是指在标准状态下的空气中遇着火源即可持续有焰燃烧的物质。通常指氧指数大于或等于 22，小于或等于 27 的物质。

难燃物是指在空气中受到火焰或高温作用时能够发生燃烧，但将火源移走后燃烧就终止的物质。通常指氧指数大于 27，小于或等于 50 的物质。

2. 氧化剂

氧化剂即助燃物，是指处于高氧化态、具有强氧化性，与可燃物物质相结合能够导致燃烧的物质，是燃烧得以发生的必要要素之一，否则燃烧就不能发生。如：氧气、氯气、高锰酸钾、氯酸钾、过氧化钠等。

氧气是最常见的一种氧化剂，由于空气中含有 21%的氧气，因此，人们生产和生活空间都被氧气所包围。多数可燃物在空气中能够燃烧，即燃烧的氧化剂这个条件是普遍存在的，在采取防火措施时，它不便被消除。

3. 着火源

着火源是指能引起可燃物燃烧的热能源。常见的着火源主要有明火、炽热体、火星、电火花或电弧、高温或化学反应热等。

上述的三个条件（要素）是燃烧的必要条件，要发生燃烧这三个要素缺一不可。但是具备了上述三个条件，燃烧不一定发生。燃烧的发生还需要满足下面的条件：

（1）可燃物要有一定数量

如果在空气中可燃气体或蒸气的数量不足，虽有氧化剂和着火源，燃烧也不一定发生。例如，在室温 20℃的相同条件下，用火柴去点燃汽油和煤油时，汽油能立刻燃烧，而煤油却不燃。这是因为汽油易挥发，在 20℃时就能挥发出足够燃烧的可燃蒸气来。达到发生燃烧的浓度，因而发生燃烧；而煤油相对于汽油来说，挥发性差一些，在 20℃时挥发出的可燃蒸气太少，达不到燃烧的浓度，因而不能发生燃烧。

（2）氧化剂要达到一定比例

可燃物燃烧都有最低含氧量的要求，当其最低含氧量超过 21%时，空气的含氧量不能满足其燃烧所需要的助燃条件，这类物质在空气中就无法燃烧，具体见表 2—1。

表 2—1　　常见易燃物质燃烧的最低含氧量

名称	最低含氧量/%	名称	最低含氧量/%
汽油	14.4	乙醚	12.0
煤油	15.0	乙炔	3.7

续表

名称	最低含氧量/%	名称	最低含氧量/%
乙醇	15.0	橡胶屑	13.0
丙酮	13.0	多量棉花	8.0
氢气	5.9	黄磷	10.0

(3) 着火源必须具有一定温度和足够的热量

用一根燃烧着的火柴，可以点燃香烟、织物和纸张，但却点不燃煤块。这是因为火柴的火焰所具有的温度和热量已经达到了使香烟、织物和纸张燃烧的温度和热量，但却没有达到煤块燃烧的温度和热量。从烟囱冒出来的碳火星，温度高达600℃，已经超过一般可燃物的燃点，如果落在草垛和棉垛上，有可能引起燃烧；如果落在木材上，火星就会很快熄灭，却不能引起燃烧。这是因为火星的温度虽然很高，达到了木材燃点（250~450℃），但由于其热量不够，因此仍然不能引起燃烧。常见着火源温度见表2—2。

表2—2　常见着火源温度

着火源	温度/℃	着火源	温度/℃
火柴焰	500~650	气体灯焰	1 600~2 100
烟头（中心）	700~800	酒精灯焰	1 180
烟头（表面）	250	煤油灯焰	700~900
机械火星	1 200	蜡烛焰	640~940
煤炉火	1 000	打火机焰	1 000
烟囱火星	600	焊割火花	2 000~3 000
石灰遇水发热	600~700	汽车排气管火星	600~800

(4) 三个条件相互作用

三个条件相互作用，缺一不可，燃烧才能够发生。例如，在我们的房间内，有桌椅家具等可燃物，有充满空间的空气，有着火源，燃烧的三个条件都具备，但是并没有发生燃烧现象，这是因为这些条件没有相互作用的缘故。

四、燃烧在消防工作中的意义

1. 燃烧条件在防火工作中的应用

一切防火措施都是为了防止产生燃烧条件。在防火工作中，人们采取的基本措施主要有以下几点：

(1) 控制可燃物

在建筑中尽量减少可燃物的使用。例如，用难燃或不燃材料代替易燃材料；将可燃材料浸泡或涂刷防火涂料，提高材料的耐火性能；对于具有火灾爆炸危险性的场所，采取强制通风的方法，以降低易燃易爆气体、蒸气或粉尘在空气中的浓度，使之达不到燃烧浓度；将性质上能相互作用的物品分开存放等。

（2）隔绝空气

使用易燃易爆物质的生产应在密闭设备中进行；对易燃危险品的生产，充装惰性气体保护；隔绝空气储存活性较强的物质，如金属钠存于煤油中，黄磷存于水中，二硫化碳用水封闭存放等。

（3）消除着火源

例如，在易燃易爆场所禁止烟火、禁穿化纤衣服和带铁钉、铁掌的鞋，使用防爆电器，采取隔离控温、避雷、遮挡阳光、防止撞击等措施。

（4）阻止火势蔓延

通过在建筑物之间建筑防火墙，留防火间距；在可燃气体管道上安装阻火器和安全水封，在通风管道上安装防火阀等，不使新的燃烧条件形成，使火灾熄灭，防止蔓延。

2. 燃烧条件在灭火工作中的应用

一切灭火措施都是为了破坏已经形成的燃烧条件，或使燃烧反应中的游离基消失。灭火时，人们采取的基本方法主要是以下几种：

（1）隔离法

将火源处或其周围的可燃物隔离或移走，燃烧就会因失去可燃物而停止。

（2）窒息法

阻止空气进入燃烧区或用惰性气体冲淡空气，使燃烧物得不到足够的氧气而熄灭。

（3）冷却法

将灭火剂直接喷洒在燃烧物上，以降低燃烧物的温度于其燃点之下，使燃烧停止；或者将灭火剂喷洒在火源附近的可燃物上，以避免火势蔓延。

（4）抑制法

使灭火剂参与到燃烧反应过程中去，使燃烧过程产生的游离基消失，使燃烧停止。

第二节　燃烧的类型

一、按引燃方式分类

燃烧按点燃方式的不同可分为引燃和自燃两种。

1. 引燃

引燃是指受外部热源的作用，物质开始燃烧的现象。即着火源接近可燃物，局部开始燃烧，然后开始传播的燃烧现象。按引燃方式不同可分为局部引燃和整体引燃。例如用打火机点燃烟头属于局部引燃；炼制沥青、松香等易熔固体，温度超过引燃温度属于整体引燃。

2. 自燃

自燃是指在没有与外界热源或者引燃的着火源作用条件下，物质依靠本身内部一系列物理、化学变化产生热量，从而发生自动燃烧的现象，如图2—3所示为白磷自燃现象。自燃的特点是靠物质自身内部变化提供能量，即着火所需要的温度。

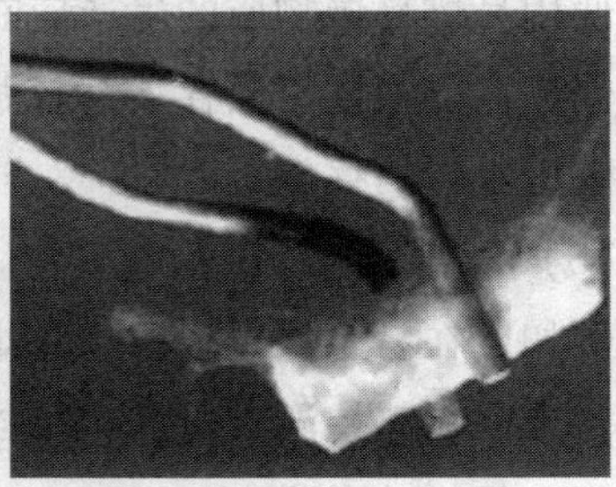

图2—3　白磷自燃

二、按燃烧时可燃物状态分类

按燃烧时可燃物呈现的状态可分为气相燃烧和固相燃烧两种。可燃物的燃烧状态并不是指可燃物燃烧前的状态，而是指燃烧时的状态，如乙醇燃烧前是液态，燃烧时乙醇转化为蒸气，其状态为气相。

1. 气相燃烧

气相燃烧是指燃烧时可燃物和氧化剂均为气相的燃烧。气相燃烧是一种常见的燃烧形式。如汽油、酒精、丙烷、蜡烛等燃烧都属于气相燃烧，事实上，凡是有火焰的燃烧都属于气相燃烧。

2. 固相燃烧

固相燃烧是指燃烧进行时可燃物为固相的燃烧，固相燃烧也称为表面燃烧。如木炭、镁条、焦炭的燃烧就属于固相燃烧，只有固体可燃物才能发生此类燃烧。也不是所有固体物质的燃烧都是固相燃烧，燃烧时分解、熔化、蒸发的固体的燃烧都不属于固相燃烧，仍然属于气相燃烧。

三、按可控性分类

1. 有控制的燃烧

有控制的燃烧一般是指为了利用燃烧产生的热量，从而有控制地进行的燃烧。如煮饭、取暖、照明等都属于有控制的燃烧。这类燃烧是人类生产和生活所需要的正常燃烧，不属于火灾燃烧。

2. 失去控制的燃烧

失去控制的燃烧简称“失火”，是指人们不需要的失去控制所形成的燃烧，即各种火灾条件下的燃烧都属于失去控制的燃烧。

四、按燃烧速度及现象分类

1. 闪燃

在一定温度下，液体（含能蒸发的部分可燃固体，如石蜡、樟脑、沥青、萘等）产生的蒸气与空气混合后，达到一定浓度时遇火源产生一闪即灭的燃烧现象叫作闪燃。此类燃烧液体在闪燃温度下蒸发速度还不太快，蒸发出来的蒸气仅能维持瞬间的燃烧，而来不及补充新的蒸气维持稳定燃烧，故一闪即灭。闪燃虽然一闪即灭，引不起燃烧，但对消防工作却有重要意义。从消防的观点来说，闪燃是火险的警告，是着火的前奏。液体发生闪燃的最低温度叫作该液体的闪点。表 2—3 列举了部分可燃液体的闪点。

表 2—3 常见可燃液体的闪点

液体	闪点/℃	液体	闪点/℃
汽油	-58~10	乙醇	-45
煤油	28~45	丙酮	-20
柴油	50~90	醋酸	40
酒精	11	松节油	35
苯	-14	二甲苯	2.5
甲苯	5.5	二硫化碳	-45

闪点在消防工作中的意义如下：

（1）闪点是评定液体火灾危险性大小的依据

液体的闪点越低，其火灾危险性就越大。例如，从汽油、煤油到柴油，闪点越来越高，因而相对来说，其火灾危险性相应降低，即汽油的火灾危险性大于煤油，而煤油的火灾危险性相对大于柴油。一般来说，液体的闪点高于环境温度时，其火灾危险就相对小了一些；否则，火灾危险就相对大一些，必须采取相应的安全措施，防止发生火灾。

（2）闪点是确定液体生产、储存火灾危险类别的依据

《建筑设计防火规范》（GB 50016—2014）将生产、储存的火灾危险性分为五类，其中将燃烧液体分在甲、乙、丙三类。闪点小于 28℃ 的燃烧液体，其生产、储存的火灾危险性为甲类，如甲醇、丙酮、苯等合成或精制厂房，植物油加工厂浸出车间，苯、甲苯、乙醇、乙醚及 60 度的白酒仓库；闪点大于等于 28℃ 而小于 60℃ 的燃烧液体，其生产、储存的火灾危险性为乙类，如樟脑油提取部位、煤油灌桶间及其仓库等；闪点为 60℃ 及以上的燃烧液体，其生产、储存的火灾危险性为丙类，如香料厂的松油醇部位，油浸变压器室、沥青加工厂房和润滑油、机油、重油仓库等。

2. 着火

可燃物在与空气共存的条件下，当达到某一温度时，与着火源接触即能引起燃烧，并在着火源离开后仍能持续燃烧，这种持续燃烧的现象叫着火。也就是说，物质着火需要一定温度，如果达不到这个温度，着火就不能发生，或者仅仅发生闪燃。

（1）燃点

可燃物开始持续燃烧所需要的最低温度叫作该物质的燃点。不同的物质，燃点不同。可燃物都有燃点，液体的燃点都高于闪点，一般来说，易燃液体的燃点比闪点高1~5℃，液体闪点越低其燃点与闪点差数越小，闪点低于0℃的液体，其燃点与闪点仅差1℃；而闪点在100℃以上的液体，其燃点要高出闪点30℃以上。部分可燃物质燃点详见表2—4。

表2—4　部分可燃物质的燃点

可燃物	燃点/℃	可燃物	燃点/℃
纸张	130	布匹	200
棉花	210	松木	250
麻绒	150	橡胶	120
蜡烛	190	赛璐珞（硝化纤维塑料）	100
烟叶	220	樟脑	70
麦草	200	松节油	53
豆油	220		

（2）燃点在消防工作中的应用

1）控制温度，使其在可燃物燃点以下，以防止起火。例如，在熬炼、烘烤和其他高温作业中，其温度控制即以加工物的燃点为依据。

2）根据燃点，确定燃烧固体类别。易燃固体是指燃点小于或等于300℃的固体（天然纤维、农副产品除外），如赛璐珞、樟脑等；可燃固体是指燃点高于300℃的固体。

3）根据燃点，决定火场抢救物资的先后。在火场上，如果燃点不同的可燃物处在相同条件下，受到火源作用时，燃点低的先着火、易蔓延。因此，在灭火抢救时，要先抢救或冷却燃点低的物质。

3. 自燃

（1）自燃与自燃点

可燃物在没有明火作用的情况下，由于受热或自身发热发生自动燃烧的现象叫自燃。可燃物发生自燃的最低温度叫作自燃点。可燃物的自燃点受一些因素的影响而不固定，尤其受环境、压力、可燃物浓度及氧化面、含氧量的影响较大。一般来说，压力越高，可燃物浓度越大，环境氧浓度越高，可燃物的自燃点就越低，越容易发生自燃。常见的一些可燃物质的自燃点见表2—5。

表 2—5　　部分可燃物质的自燃点（常温常压下）

可燃物	自燃点/℃	可燃物	自燃点/℃	可燃物	自燃点/℃
黄磷	34~35	籽棉	407	乙醇	414
松香	240	稻草	333	桐油	410
汽油	255~530	木材	250~350	棉籽油	370
煤油	240~290	赛璐珞	150~180	铁粉	316
柴油	350~380	乙醚	180	铝粉	470

根据热源的不同，自燃分为受热自燃和自热自燃。受热自燃是指物质受到外来热源的作用而发生的自动燃烧现象，如加热、烘烤、摩擦、辐射等非直接火源作用引起的燃烧。自热自燃是指由于物质内部自行发热而引起的自动燃烧现象。受热自燃和自热自燃两种现象的本质是一样的，只是热的来源不同，前者是外部加热的作用，而后者是物质本身的热效应。

（2）自燃点在消防工作中的作用

1）根据自燃点确定物质的安全存储方法和防火安全措施。例如，在常温下易发生自燃的物质，在储存中就应采取冷却、密封或通风等特殊方法。

2）根据自燃点确定工艺控温极限。例如，在加热、蒸馏、熬炼、合成或分解反应中，应控制物质的温度在自燃点以下。

3）根据自燃点确定选用防爆电器型号。自燃点是防爆电器设备制造和爆炸危险场所防爆电器选型的重要参数之一，根据物质的自燃点，可以选择确定适合爆炸危险场所的防爆电器设备的类型。

（3）常见自热自燃物质

从消防的观点来看，具有自热自燃性质的物质是危险的，因为其不需要外来火源和热源，自热就能发生自动燃烧，其防火措施也不同于一般物质。常见的具有自热自燃特性的物质，主要有以下几类：

1）化学品。如黄磷、二硫化碳、赛璐珞等。

2）金属类。如钾、钠、镁等轻金属及铝粉、镁粉、锌粉、铝镁合剂等。

3）矿物类。如硫化铁、烟煤等。

4）植物类。如稻草、麦草、烟叶、籽棉等。

5）油脂及制品。主要是植物油，如桐油、亚麻油、葵花子油及其制品，如油布、油纸、油棉纱等。

4．爆炸

（1）广义的爆炸

这种爆炸是指物质由一种状态迅速转变成另一种状态，并在瞬间以机械功的形式放出巨大能量，或是气体、蒸气在瞬间发生剧烈膨胀等现象。爆炸按类型分为化学爆炸和物理爆炸，按其燃烧速度传播快慢分为爆燃和爆轰两种。

(2) 化学爆炸

化学爆炸就是可燃物预氧化剂的混合物遇到火源而发生的瞬间燃烧。这种燃烧同时产生大量热和气态产物，因此形成高温，巨大的压力向四周扩散，扩散时与空气发生剧烈摩擦而产生巨大的声响。例如：用来制作炸药的硝化棉在爆炸时发出大量热，同时生成大量气体（一氧化碳、二氧化碳、氢气和水蒸气等），爆炸时体积增至爆炸前的 47 万倍，燃烧在几万分之一秒内完成。

(3) 物理爆炸

物理爆炸是由物理变化（温度、体积、压力等物理因素）引起的。在物理性爆炸的前后，爆炸物质的性质和化学成分均不改变。例如，锅炉爆炸就是典型的物理爆炸，其原因是过热的水迅速蒸发出大量蒸汽，使蒸汽压力不断升高，当压力超过锅炉极限强度时就会发生爆炸。

第三节　燃烧的产物

一、燃烧产物的概念

燃烧产物是指由燃烧或热解作用而产生的全部物质。也就是说可燃物燃烧时，生成的气体、固体和蒸气等物质均为燃烧产物，如灰烬、炭粒（烟）等。

燃烧产物按其燃烧的完全程度分完全燃烧产物和不完全燃烧产物两大类。如果在燃烧过程中生成的产物不能再燃烧了，那么这种燃烧叫作完全燃烧，其产物称为完全燃烧产物，如燃烧产生的二氧化碳、二氧化硫、水、五氧化二磷等都为完全燃烧产物。完全燃烧产物中的气体物质在燃烧区具有冲淡氧含量抑制燃烧的作用。如果在燃烧过程中生成的产物还能继续燃烧，那么这种燃烧叫作不完全燃烧，其产物即为不完全燃烧产物。例如，炭在空气不足的条件下燃烧时生成的产物是一氧化碳，那么这种燃烧就是不完全燃烧，其产物就是不完全燃烧产物。大部分的不完全燃烧是由于温度太低或空气不足造成的。

二、几种重要的燃烧产物

燃烧产物的成分是由可燃物的化学组分和燃烧条件决定的。

1. 无机可燃物

无机可燃物多为单质，其燃烧产物的组成较简单，主要是它的氧化物，如二氧化硫、水等。氮在一般情况下不参与反应而呈游离态析出，但在特定条件下，氮气也能被氧化生成一氧化氮或与一些中间产物结合生成 CN（氰）和 HCN（氰化氢）等。不完全燃烧除了会生成上述完全燃烧产物外，同时还会生成一氧化碳、酮类、醛类、醇类、酸类等，例如：木材在空气不足时燃烧，除生成二氧化碳、水和灰分外，还生成一氧化碳、甲醇、丙酮、乙醛、醋酸以及其他干馏产物，这些产物都能继续燃烧。不完全燃烧产物因具有燃烧性，所以对气体、蒸气、粉尘的不完全燃烧产物再与空气混合后遇引燃源，就会发生爆炸的危险。改变燃烧条件，能使不完全燃烧产物继续燃烧生成完全燃烧产物。

（1）一氧化碳

一氧化碳为不完全燃烧产物，是一种无色、无味而有强烈毒性的可燃气体，难溶于水，相对密度为 0.97。一氧化碳是火场上的主要"杀手"之一，在火灾初期阶段，体积百分数约为 1%，充分发展阶段可达到 5%，最高时能够达到 10%。在火场烟雾弥漫的房间中，一氧化碳含量比较高时，对房间中人员的身体会有严重影响，必须注意防止一氧化碳中毒和一氧化碳与空气形成爆炸性混合物。火场上不同部位一氧化碳含量见表 2—6。

表 2—6　火场上不同部位和物质燃烧的一氧化碳含量

火灾地点和燃烧物质	一氧化碳含量/%	火灾地点和燃烧物质	一氧化碳含量/%	火灾地点和燃烧物质	一氧化碳含量/%
地下室	0.04~0.65	浓烟	0.02~0.1	火药	2.45~15.0
闷顶内	0.01~0.1	赛璐珞	38.4	爆炸物质	5.0~70.0
楼层内	0.01~0.4				

一氧化碳的毒性较大，由于与血红蛋白的结合力强（其与氧结合力为氧与血红蛋白的 240~300 倍），从而能将血液中的氧置换出来，吸入人体后易与血液中的血红蛋白结合形成碳氧血红蛋白，造成人的肌体组织缺氧，出现窒息中毒状态。一氧化碳在火场烟雾弥漫的房间中对人体影响的毒性如表 2—7 所示。

表 2—7　一氧化碳对人体的影响

一氧化碳的含量/%	对人体的影响
0.01	几小时之内没感觉
0.05	1 h 内影响不大
0.1	1 h 内头疼、作呕、不舒服
0.5	2~3 min 有死亡危险
1.0	中毒死亡

（2）二氧化碳

二氧化碳为完全燃烧产物，是一种无色不燃气体，溶于水，有弱酸味，同等状态下，密度是空气的 1.52 倍，有窒息性，对人的呼吸有刺激作用。当人体内二氧化碳增多时，能刺激人的中枢神经系统，从而引起频繁呼吸，使人的需氧量增多。而空气中二氧化碳浓度过大时，又会相对使含氧量减少，使人窒息。在火灾充分发展阶段二氧化碳浓度可达 13%左右，所以，很容易使人窒息身亡。在空气中二氧化碳浓度对人体健康的影响如表 2—8 所示。

表 2—8　　二氧化碳对人体的影响

二氧化碳的含量/%	对人体的影响
0.55	6 h 内不会有任何症状
1.0~2.0	呼吸感到急促，引起不快感
3.0	呼吸中枢受到刺激，呼吸增加二倍，脉搏、血压升高，容易疲劳
4.0	有头痛、眼花、耳鸣、心跳等症状
5.0	感觉迟钝、耳鸣、血液循环加快，喘不过气来，在 30 min 内引起中毒
6.0	感到呼吸急促、困难
7.0~10.0	头晕、呼吸困难，数分钟内会失去知觉发生昏迷
10.0~20.0	呼吸处于停顿状态、失去知觉
20.0~25.0	立即可致人窒息死亡

二氧化碳在常温和 60 个大气压下即成液体，当减去压力，这种液态的二氧化碳会很快汽化，大量吸热，温度会很快降低，最多可达到-79℃，一部分会凝结成雪状的固体，故俗称干冰。二氧化碳在消防安全上常用作灭火剂。由于钾、钠、钙、镁等金属物质燃烧时产生的高温能够把二氧化碳分解为碳和氧气。所以，不能用二氧化碳扑救金属物质的火灾。

（3）二氧化硫

二氧化硫是含硫可燃物燃烧后的产物，是一种无色、有刺激性臭味的气体。二氧化硫比空气重 2.26 倍，溶于水，在 200℃时，1 体积的水能溶解约 20 体积的二氧化硫，易被湿润的黏膜表面吸收生成亚硫酸、硫酸，对人体眼和呼吸道黏膜有强烈的刺激作用，大量吸入可引起肺水肿、喉水肿、声带痉挛而致窒息。轻度二氧化硫中毒时，发生流泪、畏光、咳嗽和咽、喉灼痛等症状；严重中毒可在数小时内发生肺水肿；极高浓度吸入可引起反射性声门痉挛而致窒息。皮肤或眼接触二氧化硫会发生炎症或灼伤。在大气中不同浓度二氧化硫对人体的影响如表 2—9 所示。

表 2—9　　二氧化硫对人体的影响

二氧化硫的含量		对人体的影响
%	mg/L	
0.000 5	0.014 6	长时间作用无危险
0.001~0.002	0.029~0.058	气管感到刺激，咳嗽
0.005~0.01	0.146~0.293	1 h 内无直接的危险
0.05	1.46	短时间内有生命危险

（4）氰化氢

氰化氢是聚氨酯泡沫塑料等含氮高分子材料的燃烧产物，为无色气体或液体，相对密度为0.687 6，易燃，极毒。其毒性作用主要是通过氰离子产生的，氰离子可经呼吸道、消化道甚至完整的皮肤吸收进入人体。氰化物经口使人毙命的致死量为0.3 mg/m³，能抑制细胞呼吸引起窒息。氰化氢在不同浓度下对人体的影响如表2—10所示。

表2—10 氰化氢在不同浓度下对人体的影响

染毒浓度/（mg/m³）	对人体的影响
5~20	使人会感觉到头痛、头晕
20~40	接触几小时会出现头痛、恶心、呕吐等轻度症状
50~60	人只能耐受30~60 min，会有后遗症
120~150	一般在1 h内死亡
150	吸入30 min可致人死亡
200	吸入10 min可致人死亡
300	会立即致人死亡

（5）氮的氧化物

燃烧产物中氮的氧化物主要是一氧化氮和二氧化氮。硝酸和硝酸盐分解，含硝酸盐及亚硝酸盐炸药的爆炸过程，硝酸纤维素及其他含氮有机化合物在燃烧时都会产生一氧化氮或二氧化氮。一氧化氮为无色气体，二氧化氮为棕红色气体，都具有难闻的气味，而且对人具有较强毒害性。其中，二氧化氮对肺有强烈的刺激性，能引起即刻死亡以及滞后性伤害。空气中氮氧化物对人体的影响如表2—11所示。

表2—11 氮的氧化物对人体的影响

氮的氧化物的含量		对人体的影响
%	mg/L	
0.004	0.19	长时间作用无明显反应
0.006	0.029	短时间内气管即感到刺激
0.01	0.48	短时间内刺激气管、咳嗽，继续作用对生命有危险
0.025	1.20	短时间内可迅速致死

（6）醛类

常见的醛类物质主要有丙烯醛、甲醛等，在火场上，主要是软质聚氨酯泡沫塑料等的燃烧产物。丙烯醛是具有窒息性臭味的毒性气体，对人眼的刺激性强，空气中最大容许浓度为0.3 mg/m³。甲醛是具有刺激性和窒息性的毒性气体，空气中最大容许浓度为5 mg/m³。

(7) 氯化氢(HCl)

氯化氢是含氯可燃物的燃烧产物。它是一种刺激性气体，吸收空气中的水分后成为酸雾，具有较强的腐蚀性，在较高浓度的场合，会强烈刺激人们的眼睛，引起呼吸道发炎和肺水肿。氯化氢对人体的影响如表2—12所示。

表2—12　　氯化氢对人体的影响

氯化氢的含量/10^{-6}	对人体的影响
0.5~1.0	感到轻微的刺激
5.0	对鼻子有刺激，有不快感
10.0	强烈地刺激鼻子，不能坚持30分钟以上
35.0	短时间内刺激喉咙
50.0	短时间内能坚持住的极限数
1 000.0	有生命危险

(8) 五氧化二磷(P_2O_5)

五氧化二磷是含磷可燃物的燃烧产物。磷在常温常压下为白色固体粉末，能溶于水，生成偏磷酸或正磷酸。磷燃烧时生成的五氧化二磷为气态，而后凝固。纯五氧化二磷无特殊气味，但由于磷不纯时常常含有三氧化二磷（或六氧化四磷），因而磷燃烧时会闻到蒜味。五氧化二磷具有毒性，会刺激呼吸器官，引起咳嗽和呕吐。

三、燃烧产物的危害

燃烧产物最直接的是烟气。自古以来，火灾总是伴随着浓烟滚滚，火光闪闪，产生着大量对人体有毒、有害的烟气。据资料统计，在火灾造成的伤亡中，被烟雾熏死的所占比例很大，一般比直接被火烧死者多4~5倍，着火层以上死的人多数是被烟熏死的，因此，认识燃烧产物的危害性非常重要。

1. 致灾危险性

灼热的燃烧产物，由于对流和热辐射作用，都可能引起其他可燃物质的燃烧成为新的起火点，并造成火势扩散蔓延。有些不完全燃烧产物还能与空气形成爆炸性混合物，遇火源而发生爆炸，更易造成火势蔓延。据测试，火灾时烟的蔓延速度超过火的5倍。起火之后，失火房间内的烟不断进入走廊，在走廊内通常以0.3~0.8 m/s的速度向外扩散，如果遇到楼梯间敞开的门（甚至门缝），则以2~3 m/s的速度在楼梯间向上蔓延，直奔最上一层，而且楼越高，蔓延得越快。例如，30 m高的大楼起火，烟从顶部流出去的速度，接近22 m/s，相当于九级大风。炽热的浓烟不但使一般喷水装置难以对付，而且在很远的距离对人体就有强大威胁。例如，在美国发生的一次大楼火灾中，浓烟上升的火头虽然只烧到五层，但在21层上已经有人窒息丧命了。

2. 对人类的危害

（1）毒害性

燃烧产生的大量烟和气体，会使空气中氧气含量急速降低，加上一氧化碳、氯化氢、氰化氢等有毒气体的作用，使在场人员有窒息和中毒的危险，神经系统受到麻痹而出现无意识的失去理智的动作。其毒害性主要表现在以下三个方面：

1）烟气中的含氧量往往低于人们生理正常所需的数值。在着火的房间内当气体中的含氧量低于6%时，短时间内即会造成人的窒息死亡；即使含氧量在6%~10%之间，人在其中虽然不会短时窒息死亡，但也会因此失去活动能力和智力下降而不能逃离火场最终丧身火海。

2）烟气中含有多种有毒气体，达到一定浓度时，会造成人的中毒死亡。近年来，高分子合成材料在建筑、装修及家具制造中的广泛应用，这些高分子合成材料在火灾中燃烧所生成的烟气的毒性更加严重。

3）燃烧产物中的烟气包括水蒸气温度较高，载有大量热烟气的燃烧产物的温度会达到数百甚至上千摄氏度，人在这种高温湿热环境中是极易被烫伤的。实验证明，人对高温烟气的忍耐性是有限的，烟气温度越高忍耐时间越短。在65℃时可短时间忍受；120℃时，15 min就产生不可恢复的损伤；140℃时，忍耐时间约为5 min；170℃时，忍耐时间约为1 min。

（2）刺激性

烟气中有些气体对人的眼睛有极大的刺激性，使人的眼睛难以睁开，造成人们在疏散过程中行进速度大大降低。所以火灾烟气的刺激性是毒害性的帮凶，增大了受灾人中毒或烧死的可能性。

（3）减光性

由于燃烧产物的烟气中，烟粒子对可见光是不透明的，故对可见光有完全的遮蔽作用，使人眼的能见度下降。在火灾中，当烟气弥漫时，可见光会因受到烟粒子的遮蔽作用而大大减弱，尤其是在空气不足时，烟的浓度更大，能见度会降得更低。如果是楼房起火，走廊内大量的烟会使人们不易辨别火势的方向，不易寻找起火地点，看不见疏散方向，找不到楼梯和门，造成安全疏散的障碍，给扑救和疏散工作带来困难。

（4）恐怖性

大量火场观察证明：在着火后大约15 min烟的浓度最大。在这种情况下，人们的能见距离一般只有30 cm。此时，特别是发生轰燃时，火焰和烟气冲出门窗洞口，浓烟滚滚，烈焰熊熊，会使人们产生恐怖感，常给疏散过程造成混乱局面，甚至使有的人失去活动能力，失去理智。因此火灾烟气的恐怖性也是不可忽视的。

四、燃烧产物的作用

1. 可以根据烟的颜色判断是什么物质在燃烧

烟是由燃烧或热解作用所产生的悬浮在大气中的可见固体或液体微粒。物质组成不同，燃烧时产生的烟的成分也是不同的，因此烟气的颜色和气味也各不相同。根据这个特点，在火灾扑救过程中，可以根据烟气的颜色和气味判断是什么物质在燃烧。

一些常见的可燃物燃烧时生成的烟的特征见表2—13。

表2—13　几种可燃物质燃烧时生成的烟的特征

可燃物质	烟的特征		
	颜色	嗅	味
木材	灰黑色	树脂嗅	稍有酸味
石油产品	黑色	石油嗅	稍有酸味
磷	白色	大蒜嗅	—
镁	白色	—	金属味
硝基化合物	棕黄色	刺激嗅	酸味
硫黄	—	硫嗅	酸味
橡胶	棕黑色	硫嗅	酸味
钾	浓白色	—	碱味
棉和麻	黑褐色	烧纸嗅	稍有酸味
丝	—	烧毛皮嗅	碱味
黏胶纤维	黑褐色	烧纸嗅	稍有酸味
聚氯乙烯纤维	黑色	盐酸嗅	稍有酸味
聚乙烯	—	石蜡嗅	稍有酸味
聚丙烯	—	石油嗅	稍有酸味
聚苯乙烯	浓黑色	煤气嗅	稍有酸味
锦纶	白色	酰胺类嗅	—
有机玻璃	—	芳香	稍有酸味
酚醛塑胶	黑烟	木头、甲醛嗅	稍有酸味
脲醛塑料	—	甲醛嗅	—
玻璃纤维	黑烟	酸嗅	有酸味

2. 对燃烧有阻止作用

完全燃烧的产物在一定程度上有阻止燃烧的作用。如果将房间所有孔洞封闭，随着燃烧的进行，产物的浓度会越来越高，空气中的氧会越来越少，燃烧强度便会随之降低，当产物的浓度达到一定程度时，燃烧会自动熄灭。实验证明如果空气中二氧化碳的含量达到30%，一般可燃物就不能发生燃烧。所以，对已着火房间不要轻易打开门窗，扑救地下室火灾必要时可采取封堵洞口的措施。

3. 提供早期的火灾警报的作用

由于不同的物质燃烧，其烟气有不同的颜色和嗅味，故在火灾初期产生的烟能够给人们提供火灾警报。人们可以根据烟雾的方位、规模、颜色和气味，大致断定着火的方位、火灾的规模、燃烧物的种类等，从而实施正确的扑救方法。

第四节　火灾的定义

一、火灾的定义

1. 火灾的概念

区别于可控的燃烧，火灾是指在时间和空间上失去控制的燃烧所造成的灾害。在各种灾害中，火灾是最经常、最普遍威胁公众安全和社会发展的主要灾害之一。火灾的本质是燃烧，因此火灾具备燃烧的一切特征，燃烧条件对火灾也同样具有限制作用。

2. 火灾判定条件

火灾应当包括以下三层含义：

(1) 必须造成灾害，包括人员伤亡或财物损失等。

(2) 该灾害必须是由燃烧造成的。

(3) 该燃烧必须是失去控制的燃烧。

要确定一种燃烧现象是否是火灾，应当根据以上三个条件去判定，否则就不能确定为火灾。比如人们在家里用煤气做饭的燃烧就不能算火灾，因为它是有控制的燃烧；再如，垃圾堆里的燃烧，虽然该燃烧是失去控制的燃烧，但该燃烧没有造成灾害，所以也不能算火灾。

二、火灾的引发原因

从众多火灾原因的统计来看，除了雷击、物质自燃、地震等自然原因引发的火灾外，主要是由于用火不慎、用电不当、抽烟、小孩玩火、违反安全操作规定等人为因素引起的。

1. 吸烟不慎

吸烟不慎常常是引发火灾的原因。据公安部消防局统计，因吸烟不慎引发的火灾约占所有火灾的10.2%，这方面的教训非常深刻。例如，在北京市海淀区某医院宿舍楼居住的某居民，抽完烟之后随手将烟头丢弃在废纸篓里，结果引起火灾，火灾不仅烧毁了自家的一切财物，还波及了附近无辜的6户居民，540 m^2 建筑物过火，使本来温馨的家庭转瞬之间变得满目疮痍。

又如，浙江省某县有一弹棉花房，弹棉花工徐某工作累了后坐在工作台上抽烟，卷烟点燃之后随手将火柴梗一扔，正好扔在了一堆棉絮上，加之当时的棉絮已弹松，接触火柴梗上　的余火迅速被引燃。徐某一见棉絮着火，十分紧张，忙拿起来一根木棍想把火种挑出来，结果适得其反，经过他这么一拨弄，棉絮上很快蹿起了火苗，并引燃了弹棉花工作台附近堆积的一堆柴草，很快火焰即烧穿屋顶，并向附近房屋蔓延，一发不可收拾。这场大火烧毁房屋82间，粮食4 200斤。全村共有74户人家房屋家产全部化为灰烬，造成296人无家可归。

2. 电器使用不当

在全国发生的各种火灾中，因电器使用不当而发生的火灾所占比例相当大，全国已调查的火灾分析数据显示可达总数的26.6%。例如，中国铁路物资总公司下属某器材贸易公司转租了两间办公室后，为了办公方便，将一个仅9 m^2 的单间改为储藏室，并从室内壁电线插销上接出两台打字机电源线，日后又在这条电源线上接通了两台复印机和一台电视机，形成了并联固定设备的电源，超负荷运行。该储藏室内有近一万多件牛皮纸信封及纸箱等可燃物堆放在5台电器设备的电源插座周围。某日傍晚17时，公司员工下班都陆续回家后，在一单身职工和两个孩子看电视时，电视画面突然闪了一下，图像立即消失。就在这一瞬间，小间储藏室内着起了火。18时46分北京市消防局接到报警，虽然经奋力抢救保住了四、五层楼的西部，未造成人员伤亡，但房间内的大量办公用品、家具和电器设备全部化为灰烬，着火面积约为600 m^2。

3. 违反安全操作规定

从全国的火灾统计情况看，因违反安全操作规程引起的火灾占火灾总数的7.2%~16%。究其原因，都是由于人们消防安全意识淡薄，工作责任心不强所致。例如，某日江苏某化肥厂司机在上海运回液化石油气两吨，14时到厂后，当即就把槽车上的橡胶输送管接在了25 m^3 的储罐上准备卸液，但发现储罐内的液位已达到了规定容量，便未再卸液。由于当时正值星期六，该驾驶员等都急于回家，以致未将橡胶卸液管拆下便扬长而去。20时45分左右，另一驾驶员来厂按照事先约定，准备把槽车开进车库。但他并不知道槽车上的橡胶卸液管已与储罐相接，又未加检查就跨进驾驶室，贸然启动发动机，然而发现槽车起步就熄火。又由于停车场过去曾是堆煤场，地面凹凸不平，该驾驶员误认为车轮陷进了洼坑，便加大油门猛冲，结果，将液化石油气储罐上与液化石油气橡胶输送管相接的铸铁止回阀拉断。顿时，大量液化石油气迅速外喷，恰遇化肥厂煤气发生炉的明火而发生爆炸。爆炸使距爆炸中心50~100 m范围内的建筑物（厂房全部，附近民房20多间）全部震塌，200 m范围内的屋顶、墙壁、门窗都受到了不同程度的破坏；6 000余平方米的建筑物被震坏；造成了死亡6人，重伤55人，主要设备、厂房建筑遭到了毁灭性破坏。

4. 用火不慎

人们在日常生活中经常要用火，然而，由于人们消防安全知识的缺乏，常因用火不慎引发火灾。据公安部消防局近几年的火灾统计，因用火不慎引发的火灾占31%左右。如北京某单位职工郭某从液化石油气站换气瓶回来，安装后划火点不着，便叫其兄来帮助检查，放气五六分钟，其兄用打火机点火时，泄漏的液化石油气遇明火发生爆燃，将在场的4人全部烧伤。

5. 小孩玩火

在校的少年儿童由于身心各方面的发展，初步产生了参加社会实践的愿望，但他们的知识经验还非常缺乏，能力还非常有限，不能很好地掌握自己的行为，又不能很好地控制自己。这是这一时期少年儿童心理上的主要矛盾，而游戏活动则是解决这一矛盾的主要形式。所以，少年儿童几乎对所有的社会活动都感兴趣，表现出了强烈的好奇心和模仿力。尤其对各种声、光、色更感兴趣，如燃放鞭炮、玩火做游戏等。但是，由于少年儿童缺乏生活经验，不知玩火时应注意些什么，更不了解火还有危险的一面，玩火时又带有一种隐蔽性，当火焰蔓延扩大到控制不住时，由于少年儿童的自制能力差，情绪作用大，于是又产生一种焦急和恐慌的心理，直至惊慌失措，不知如何是好。所以，小孩玩火不仅常常无意识的导致火灾，而且往往威胁少年儿童的生命安全。据统计，全国约有7%的火灾是由于小孩玩火引起的。如黑龙江省某村的一位七岁女孩黄某，一天她从锅台上拿了火柴和五岁的弟弟擦着玩，孩子的妈妈发现后便夺过火柴训斥了几句，随手将火柴扔在了坑头上，之后便离开房间干活去了。不一会儿，邻居家六岁的小孩高某到黄家来玩，黄某余兴未尽，又从坑上拿起了火柴，带着弟弟和高某到屋外去玩火。他们害怕被人看见，就爬上自家的玉米楼子内玩火。玉米楼子是用秫秸搭建的，十分干燥、易燃，三个小孩在玩火时无意中燃着了秫秸，火势迅速蔓延。当见四周窜出火苗后，他们惊慌失措，不知如何逃命，三个小孩子畏缩在玉米楼里紧紧抱在一起，被火活活烧死。

6. 电气焊接

电气焊接是生产、施工经常使用的动火操作，火灾危险性很大，在实际生产和生活中，常因不慎而引发大火。例如，唐山市某百货大楼于某日上午，在家具厅顶部进行明火焊接作业，下面的家具厅照常营业。电焊渣火花两次从屋顶落下引燃小木盒未引起重视。13时15分左右电焊火花第三次溅落在家具厅内一人高的海绵床垫堆垛上，引起海绵床垫起火。火灾共造成人员死亡81人，伤54人。再如，河南洛阳某商厦在装修时，将地下一层大厅中间通往地下二层的楼梯通道用钢板焊封，但在楼梯两侧扶手穿过钢板处留有两个小方孔。在进行电焊作业时不慎将电焊火花从方孔溅入地下二层可燃物上，引燃地下二层的绒布、海绵床垫、沙发和木质家具等，加之逃生疏散通道不畅，本次火灾事故共造成人员死亡309人，伤7人。

三、火灾的规律

1. 火灾具有社会性

实践证明，社会环境对火灾的影响很大，甚至不同的社会发展水平、不同的社会意识形态、不同的社会环境对火灾都具有一定的影响。

（1）社会发展程度

社会发展程度高的地方火灾少。社会发展程度高的地方，其生产、生活社会化程度高，人们的安全意识及素质一般也较高，安全设施及防范能力强，引发火灾的概率低。

（2）经济发展状况

经济发达的地方火灾损失大。经济发达的地方物资集中，生产、使用、经营的物品贵重，火、电、油、气使用普遍，一旦发生火灾，不易扑救，易造成大的损失。而经济欠发达的地区物资匮乏，火灾相对易于扑救，损失相对较小。

（3）社会稳定程度

社会稳定的地方火灾少。社会稳定的地方安全制度及法律健全，人们安居乐业，安全防范意识高，火灾不易发生。相反，社会动乱的地方，人心惶惶，往往有法不依，无章可循，且易发生纵火案件，火灾事故较多。

（4）文化教育水平

文化教育落后的地方火灾多。文化教育虽然对火灾没有直接影响，但文化教育水平却与人们的生活方式、处世方法及信仰有直接关系，这些方面都影响人们的消防安全意识和素质，影响火灾事故的发生数量。例如，在文化教育落后的地区，人们刀耕火种、大量使用明火而不加防范，迷信严重，烧纸请神等引起的火灾很多。

2. 火灾具有地域性

环境不同的地方，火灾数量与损失也不同。例如，城市和乡村相比，城市的火灾相对损失、伤亡大，而乡村的火灾发生数量多。气候不同的地方，火灾的多少也不同，气候炎热干燥的地方火灾多，而气候湿润多雨的地方火灾相对较少。生活习惯不同的地方，火灾的多少也不同。南方有些少数民族居住地，多用竹、木和干草建房，且多在房中设火塘，用柴草烧火做饭；东北林区民宅多为木房，且周围堆积了晒干的劈柴，俗称“拌子城”，这些地方常发生民宅火灾且易“火烧连营”。

3. 火灾具有行业性

火灾离不开可燃物，离不开着火源，而在生产、生活中，有些行业可燃物集中，如可燃物品加工厂、仓库等；有的可燃物就较少，如机械加工厂等；有的虽有可燃物但能禁绝明火、电源；有的则禁绝不了火源、电源。因而可燃物集中的行业火灾多，火灾损失也大，如石油化工企业，棉麻生产、储存企业，商店、商场等。

4. 火灾具有季节性

气候随季节变化很大，而人们的生活、生产习惯也不同，这都影响到火灾的发生。冬春季节，风干物燥，多数可燃物见火就着，极易蔓延成灾，易发生山林、仓库、可燃物品堆垛及民宅火灾；新年春节期间，人们欢度节日，常因燃放烟花爆竹、吸烟及儿童玩火引发火灾；春夏之交，尤其清明节前后，风大草干，人们登山野炊及扫墓时烧纸焚香，常引发山林火灾；初夏的六月，高温炎热，正是北方麦收大忙季节，也必然是麦收火灾的频发季节；而夏季炎热多雨，易发生易燃易爆化学物品火灾，特别是自燃物品火灾常发生于夏季，更是雷击火灾的多发季节。冬季，天气寒冷，人们多活动于室内，取暖及其他方面用火用电增多，引发火灾因素也多，多发生建筑火灾。

5. 火灾具有时间性

从起火次数上说，白天多，尤其以 10 时至 22 时期间为火灾高发时间；夜间少，以凌晨 4 时至 8 时为火灾低发时间。而从经济损失或成灾率上说，20 时至次日凌晨 6 时发生的火灾成灾率较高，其他时间较低。这一规律与人们的工作时间密切相关。各行各业一般将工作时间安排在白天，工作中涉及用火、用电等火灾因素也集中在白天，因而火灾次数在白天较多。夜间火灾次数虽然下降了，但由于夜深人静、关门闭户，一旦发生火灾，容易出现发现迟、报警迟等不利现象，致使小火酿成大火，往往经济损失较大，成灾率较高。

第五节　火灾的分类与发展阶段

一、火灾的分类

根据工作的实际需要火灾按照以下方法进行分类。

1. 按财产损失和伤亡人数分类

根据国务院颁布的《生产安全事故报告和调查处理条例》（国务院令第 493 号，2007 年 6 月 1 日起施行）的要求，可将火灾分为特别重大火灾、重大火灾、较大火灾、一般火灾四类。

（1）特别重大火灾

是指造成 30 人以上死亡，或者 100 人以上重伤，或者 1 亿元以上直接财产损失的火灾。

(2) 重大火灾

是指造成10人以上30人以下死亡，或者50人以上100人以下重伤，或者5 000万元以上1亿元以下直接财产损失的火灾。

(3) 较大火灾

是指造成3人以上10人以下死亡，或者10人以上50人以下重伤，或者1 000万元以上5 000万元以下直接财产损失的火灾。

(4) 一般火灾

是指造成3人以下死亡，或者10人以下重伤，或者1 000万元以下直接财产损失的火灾。

（“以上”包括本数，“以下”不包括本数。）

2. 按燃烧物质性状分类

依据可燃物的类型和燃烧特性，《火灾分类》（GB/T 4968—2008）规定如下：

(1) A类火灾

固体物质火灾。这种物质通常具有有机物性质，一般在燃烧时能产生灼热的余烬，如棉、毛、麻、纸张、木材火灾等。灭火时可使用水、泡沫、磷酸铵盐、干粉、卤代烷、二氧化碳等灭火剂。

(2) B类火灾

液体或可熔化的固体物质火灾，如汽油、柴油、原油、甲醇、乙醇、沥青、石蜡等火灾。这类火灾易随燃烧液体流动，燃烧猛烈，易发生爆燃、爆炸或喷溅，不易扑救。灭火时可使用喷雾水、泡沫、干粉等灭火剂。

(3) C类火灾

气体火灾，如煤气、天然气、甲烷、乙炔、氢气火灾等。这类火灾常引起爆炸，破坏性很大，且难以扑救。灭火时应先将气体输送阀门和管道关死，截断气源，再冷却灭火。

(4) D类火灾

金属火灾，如钾、钠、镁、钛、锆、锂、铝镁合金等火灾。这类火灾多因遇湿、遇高温自燃引起，灭火时忌用水、泡沫及含水性物质，也不能用卤代烷、二氧化碳及常用的干粉灭火剂，一般用干沙掩埋的方式。

(5) E类火灾

带电火灾。物体带电燃烧的火灾，如火灾时需坚持供电或断电扑救会造成更大损失的火灾。一般使用干粉、卤代烷、二氧化碳等不导电的灭火剂进行扑救。

(6) F类火灾

烹饪器具内的烹饪物（如动植物油脂）火灾。此类火灾在日常生活中较常见，一般用干粉扑救。不用灭火剂，直接采用湿毛巾覆盖、锅盖覆盖等窒息的方法也能起到灭火的效果。

二、火灾的发展阶段

火灾不仅危害民众安全，破坏自然，毁坏财物，影响地区经济发展与社会稳定，也是在经济和社会活动中产生的一种复杂有害的社会现象。根据火灾发展阶段的时间和温度曲线（见图 2—4），不难看出火灾的发展分为初期阶段、发展阶段、猛烈阶段和熄灭阶段。下面根据火灾发展阶段曲线来总结各个阶段的特点。

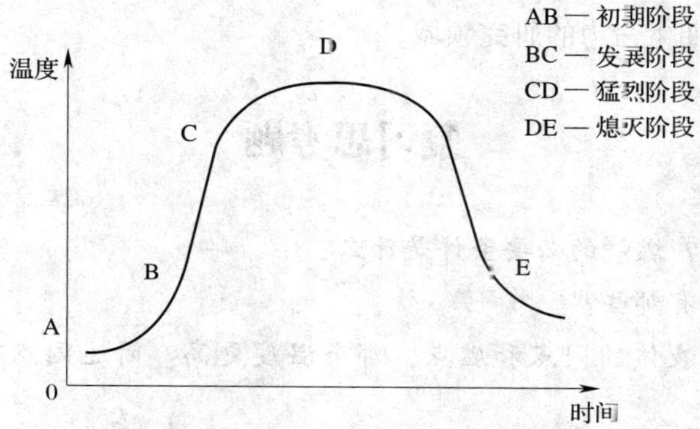

图 2—4 火灾发展阶段由线

1. *初期阶段*

火灾刚刚开始的时候，范围较小，可燃物刚刚达到临界温度燃烧，不会产生高热量辐射及高强度的气体对流，烟气量不大，燃烧所产生的有害气体尚未弥散，被困人员有一定时间逃生。这时，消防扑救方法正确，扑救人员到位，可以把火灾控制在局部，甚至完全消灭。

2. *发展阶段*

如果初期阶段的火灾没有得到及时控制，继续燃烧，称为火灾的发展阶段。火灾的控制与失控也与当时火场燃烧物的种类、气候条件、扑救环境，及扑救人员装备和方式有着直接的关系。这时的火灾持续燃烧速度加快，温度不断升高，气体对流增强，燃烧产生炙热烟气迅速弥散。这些热传播的方式会加剧火势蔓延，火场范围扩大，火势也难以控制。

3. *猛烈阶段*

火灾发展到这一阶段最危险，也最具破坏性。温度、气体对流强度、燃烧速度均达到峰值，并伴有可燃性物质不完全燃烧或因高温分解而释放大量助燃物质和刺激性烟气，燃烧随时会产生突发性变化。如有燃爆性气体时，会产生瞬时爆燃，不仅扩大火势，对扑救人员、受困人员均会形成最大安全威胁，同时对建筑物也会形成毁灭性破坏。

4. 熄灭阶段

因可燃物质燃烧将尽、消防扑救手段等因素使火场温度下降，气体对流减弱，这时火灾呈下降熄灭阶段。但这一阶段也因地理位置、火场环境等因素不同，持续时间也不一样，有时会持续很长时间，有时也会因建筑物本体坍塌，重新产生有氧对流而出现“死灰复燃”现象。

掌握火灾的理论知识，有助于合理有效地控制火灾。当今社会，火灾科学已经是一个面向国家重大需求和世界科学前沿，大跨度多学科交叉、包含深刻科学问题、创新余地巨大、有长期生命力的研究领域。

复习思考题

1. 什么是燃烧？燃烧的必要条件是什么？
2. 燃烧的产物有哪些？
3. 同一种可燃液体的闪点和燃点，哪个温度更高？简述闪点对于消防工作的意义。
4. 什么是火灾？
5. 火灾有几种分类方法？如何进行分类？

技能实训一　火灾案例分析

火为我们的生产和生活提供了方便，可是由火而引起的灾难却一直是我们的敌人。面对火灾，要学会正视和重视，才能防御和战胜。“预防为主，防消结合”的口号要一直贯彻下去。在灾难尚未发生时知道规避和预防，在灾难已然发生时能够正确的处理，在灾难之后学会总结经验教训，在总结中学会自救互救，学会善待自然。从某种意义上说，火灾是对人类智慧与控制危险因素能力的挑战，下面就通过对一些火灾案例的回顾与分析，引导大家学会应对灾难，战胜灾难的本领。

案例一

1. 事故概况

2015 年 8 月 12 日 23：30 左右，位于天津市滨海新区天津港的瑞海公司危险品仓库发生火灾爆炸事故，造成 165 人遇难（其中参与救援处置的公安现役消防人员 24 人、天津港消防人员 75 人、公安民警 11 人，事故企业、周边企业员工和居民 55 人）、8 人失踪（其中天津消防人员 5 人，周边企业员工、天津港消防人员家属 3 人）、798 人受伤（伤情重及较重的伤员 58 人、轻伤员 740 人），304 幢建筑物、12 428 辆商品汽车、7 533 个集装箱受损。截至 2015 年 12 月 10 日，依据《企业职工伤亡事故经济损失统计标准》等标准和规定统计，已核定的直接经济损失 68.66 亿元。

经调查，该公司成立于 2011 年，是天津海事局指定危险货物监装场站和天津交委港口危险货物作业许可单位。其仓储业务中主要的商品分类，基本上都属于危险及有毒气体。

事发地点位于天津市滨海新区吉运二道 95 号的瑞海公司危险品仓库运抵区（“待申报装船出口货物运抵区”的简称），天津港主航道水深已达 21 m，可满足 30 万吨级原油船舶和国际上最先进的集装箱船进出港。2013 年天津港货物吞吐量首次突破 5 亿吨，集装箱吞吐量突破 1 300 万标准箱，成为中国北方第一个 5 亿吨港口。

2. 事故原因

调查组查明，事故的直接原因是：瑞海公司危险品仓库运抵区南侧集装箱内硝化棉由于湿润剂散失出现局部干燥，在高温（天气）等因素的作用下加速分解放热，积热自燃，引起相邻集装箱内的硝化棉和其他危险化学品长时间大面积燃烧，导致堆放于运抵区的硝酸铵等危险化学品发生爆炸。

调查组认定，瑞海公司严重违反有关法律法规，是造成事故发生的主体责任单位。该公司无视安全生产主体责任，严重违反天津市城市总体规划和滨海新区控制性详细规划，违法建设危险货物堆场，违法经营、违规储存危险货物，安全管理极其混乱，安全隐患长期存在。

案例二

1. 事故概况

2010 年 11 月 15 日 13 时，上海胶州路 728 号教师公寓正在进行节能改造工程，在北侧外立面进行电焊作业。14 时 14 分，金属熔融物溅落在大楼电梯前室北窗 9 楼平台，引燃堆积在外墙的聚氨酯保温材料碎屑。火势随后迅猛蔓延，因烟囱效应引发大面积立体火灾，最终造成 58 人死亡、71 人受伤的严重后果，建筑物过火面积 12 000 平方米，直接经济损失 1.58 亿元。

2. 事故原因

事故调查组查明火灾的直接原因是在胶州路 728 号公寓大楼节能综合改造项目施工过程中，施工人员违规在 10 层电梯前室北窗外进行电焊作业，电焊溅落的金属熔融物引燃下方 9 层位置脚手架防护平台上堆积的聚氨酯保温材料碎块、碎屑引发火灾。庭审中，公诉机关指控电焊工吴国略从业资格证在事发时已经过期，且有证人指证其经常在工地现场不使用接火盆、灭火器，吴自己也称不知聚氨酯保温材料会燃烧。电焊辅助工王永亮则从未接受过正规的电焊操作安全培训，对火灾隐患知之甚少。根据

“焊割作业十不烧”规定，无证人员不准焊割，不了解焊接地点周围情况不准焊割，在可燃材料附近，无安全防护措施、无人监护不准焊割。

案例分析题

一、选择题

1. 案例一的火灾按财产损失和伤亡人数分类，属于(　　)火灾。

A. 特别重大火灾　B. 重大火灾　C. 较大火灾　D. 一般火灾

2. 案例二的火灾事故按燃烧物质性状分类，属于(　　)火灾。

A. A 类　B. D 类　C. F 类　D. E 类

3. 案例一的火灾原因属于(　　)。

A. 可燃固体火灾　B. 可燃液体火灾

C. 危险化学品爆炸　D. 电气设备火灾

二、思考题

1. 案例一中的火灾符合了火灾发生的什么规律？

2. 案例二的火灾，如果火灾初期阶段及时发现并处置，应该采用什么处置方法？

第三章
建筑消防安全设施

本章学习目标

1. 了解建筑防火基本知识。
2. 熟悉建筑防火设计的一般要求和防火措施基本内容。
3. 熟悉火灾自动报警系统的组成及工作原理。
4. 掌握湿式灭火系统的组成。
5. 了解防排烟系统的组成及工作原理。
6. 了解气体灭火系统的组成及工作原理。
7. 了解消防联动控制系统的组成及工作原理。

第一节　建筑防火基本知识

一、建筑物的分类

建筑物，是指供人们进行生产、生活或其他活动的房屋或场所，也称“建筑”。建筑物是人造的、相对于地面固定的、存在有一定时间的固定人造物。

按不同的标准，建筑物可作如下分类：

1. 按使用性质分类

(1) 工业建筑，如厂房和库房等。

(2) 民用建筑，如居住和公共建筑等。

2. 按建筑结构形式分类

(1) 木结构，是指该建筑物主要承重构件是木材。

(2) 砖木结构，是指该建筑物主要承重构件是砖石和木材。

(3) 砖混结构，是指该建筑物竖向承重构件采用砖墙或砖柱，水平承重构件采用钢筋混凝土楼板、屋面板。

（4）钢筋混凝土结构，是指该建筑物以钢筋混凝土做柱、梁、楼板及屋顶等承重构件，砖或其他轻质材料做墙体等围护构件。

（5）钢与钢筋混凝土混合结构，是指该建筑物屋顶采用钢结构，其他主要承重构件采用钢筋混凝土结构。

（6）钢结构，是指该建筑物主要承重构件全部采用钢材。

3．按建筑高度或层数分类

（1）超高层建筑，是指建筑高度超过 100 m 以上的建筑。

（2）高层建筑，是指建筑高度为 27 m 及 27 m 以上的居住建筑物和建筑高度超过 24 m且为两层以上的公共建筑和工业建筑。

（3）单层建筑，是指建筑高度不超过 24 m（或已超过 24 m 但为单层）的公共建筑和工业建筑。

（4）地下、半地下建筑，是指房间地平面低于室外地平面，高度超过该房间净高 1/2 的为地下建筑；房间地平面低于室外地平面，高度超过该房间净高 1/3 且不超过 1/2 的为半地下建筑。

4．按建筑物的重要程度分类

高层民用建筑根据使用性质、火灾危险性、疏散和扑救难度等分为两类：

（1）一类高层民用建筑

1）居住建筑，是指高级住宅和 19 层及以上的普通住宅。

2）公共建筑，是指医院、高级旅馆，以及建筑高度超过 50 m 或每层的建筑面积超过 1 000 m^2 的商业楼、展览楼、综合楼、电信楼、财贸金融楼，建筑高度超过 50 m 或每层建筑面积超过 1 500 m^2 的商住楼，藏书超过 100 万册的图书馆、书库，建筑高度超过 50 m 的教学楼和普通旅馆、办公楼、科研楼、档案楼等。

（2）二类高层民用建筑

1）居住建筑，是指 10~18 层的普通住宅。

2）公共建筑，是指除一类建筑以外的商业楼、展览楼、综合楼、电信楼、财贸金融楼、商住楼、图书馆、书库，省级以下的邮政楼、防灾指挥调度楼、广播电视楼、电力调度楼，建筑高度不超过 50 m 的教学楼和普通的旅馆、办公楼、科研楼、档案楼等。

二、建筑火灾蔓延的途径和方式

1．建筑火灾蔓延的途径

（1）火灾通过水平方向蔓延

如果建筑物未设防火分区或洞口分隔不完善，就会造成火灾的水平方向蔓延；装设吊顶的建筑，吊顶上部仍为连通空间，一旦起火极易在吊顶内部蔓延；可燃构件与装饰物在火灾时发生燃烧而导致灾情扩大。

（2）火灾通过竖井蔓延

在现代建筑物内，有大量的电梯、楼梯、设备、垃圾等竖井，这些竖井往往贯穿整个建筑，若未作周密完善的防火设计，一旦发生火灾，就可会蔓延到建筑物的其他楼层。

（3）火灾通过空调系统管道蔓延

建筑空调系统如未按规定设置，容易造成火灾蔓延。例如通风管道蔓延火灾：一是通风管道本身起火并向连通的空间蔓延；二是它可以吸进火灾房间的烟气，而在远离火场的其他空间再喷冒出来。

（4）火灾由窗口向上层蔓延

从起火房间窗口喷出的烟气和火焰，往往会沿窗间墙及上层窗口向上逐层蔓延。

2. 建筑火灾蔓延的方式

（1）火焰蔓延

初始燃烧的表面火焰，在使可燃物燃烧的同时，也将火灾蔓延开来。火焰蔓延的速度主要取决于火焰传播的速度。

（2）热传导

火灾区域燃烧产生的热量，经导热性好的建筑构件或建筑设备传导，能够使火灾蔓延到相邻或上下层房间。例如，薄壁隔墙、楼板、金属管壁，都可以把火灾区域的燃烧热传导至另一侧的表面。此方式有两个特点：一是必须具有导热性好的媒介，如金属构件、薄壁构件或金属设备等；二是蔓延的距离较近，一般只能是相邻的建筑空间。

（3）热对流

热对流是依靠微粒的流动来传播热量的现象，是建筑物室内火灾蔓延的主要形式。热对流作用可以使火灾区域的高温燃烧产物与火灾区域外的冷空气发生强烈流动，将高温燃烧产物流传到较远处，造成火势扩大。热对流不仅可以使火灾通过走道、房间在水平方向上蔓延，它还可借助楼梯间、电梯井等进行垂直蔓延，甚至还可通过外墙的开口向上一层蔓延。

（4）热辐射

热辐射是热源以电磁波的形式向外传递热能的方式。热辐射可以向各个方向传播热量，以垂直方向的辐射强度为最大。建筑物发生火灾时，火场的温度高达上千度，通过外墙开口部位向外辐射热量，对邻近建筑构成火灾威胁。同时，也会加速火灾在室内蔓延。

三、建筑防火设计的一般要求

建筑物耐火等级的划分和选定，是建筑设计防火规范中规定的防火技术措施中最基本的措施之一。它要求建筑物在火灾高温的持续作用下，墙、梁、柱、楼板、屋顶、楼梯、吊顶等基本建筑构件能在一定的时间内，不被破坏、不传播火焰，起到延缓和阻止火势蔓延的作用。建筑物的耐火等级取决于组成该建筑物的建筑构件的燃烧性能和耐火极限，而建筑构件的燃烧性能又取决于建筑材料的燃烧性能。

1．建筑材料及构件的燃烧性能

（1）相关概念

1）建筑材料。建筑材料是指所有在建筑中使用的材料。从防火角度讲，建筑材料分为一般材料和防火材料。从用途角度讲，建筑材料在建筑物中有的用做结构材料，承受各种荷载的作用；有的用做室内装修材料，美化室内环境；有的用做功能材料，满足保温、隔热、防水等方面的要求。

2）建筑构件。建筑构件是指组成建筑物某一结构的单元，如墙壁、柱、梁、楼板、屋顶、楼梯等。按照所起的作用，可将建筑构件分为分隔构件、承重构件及具有承重和分隔双重作用的承重分隔构件。

3）燃烧性能。燃烧性能是指建筑材料和（或）制品置于规定的火源中，所发生的一切物理、化学变化，即材料对火的反应特性，包括着火性、火焰传播性、燃烧速度和发热量等。

（2）建筑材料燃烧性能分级

建筑材料的燃烧性能在很大程度上取决于材料的化学成分及其燃烧时的生成热，同时还与材料的形状、密度及表面积等特征有密切关系。我国建筑材料燃烧性能分级是按照《建筑材料及制品燃烧性能分级》（GB 8624—2012）分为：A 级不燃性材料（A 级又分为 A1 和 A2 级）；B1 级难燃材料；B2 级可燃材料；B3 级易燃材料。

（3）建筑构件的燃烧性能

建筑构件的燃烧性能，反映了建筑构件遇火烧或高温作用时的燃烧特点，它由制成建筑构件的材料的燃烧性能而定。不同燃烧性能的建筑材料制成的建筑构件，其燃烧性能可分为三类：

1）非燃烧体。用不燃材料制成的构件。这类构件在空气中受到火烧或高温作用时不起火、不微燃、不炭化。例如，砖墙、钢屋架、钢筋混凝土制成的梁、楼板、柱等。

2）难燃烧体。用难燃烧材料制成的构件或用可燃材料制成而用不燃性材料作阻燃处理的构件。这类构件在空气中受到火烧或高温作用时难起火、难微燃、难碳化，且当火源移开后燃烧和微燃立即停止。例如，阻燃胶合板吊顶、经阻燃处理的木质防火门、木龙骨板条抹灰隔墙等。

3）燃烧体。用可燃材料制成的建筑构件。这类构件在空气中受到火烧或高温作用时会立即起火或发生微燃，而且当火源移开后，仍继续保持燃烧或微燃。例如，木柱、木屋架、木梁、木楼板等。

2. 建筑构件的耐火极限

耐火极限是建筑构件耐火性能的重要指标，是划分建筑耐火等级的基础数据。建筑构件的耐火极限，是指对建筑构件按照标准时间—温度曲线进行耐火试验，从受到火的作用时起直至失去承载能力或完整性被破坏或失去隔火作用时止所经历的一段时间，以小时为单位。

判断构件达到耐火极限的条件有三个，即失去完整性、失去绝热性、失去稳定性，不同构件达到耐火极限的条件不同。对于承重构件，如梁、柱、屋架等，此类构件不具备隔断火焰和隔绝过量热传导的功能，所以由失去稳定性单一条件来控制是否达到其耐火极限。对于分隔构件、如隔墙、吊顶、门窗等，当构件失去完整性或绝热性时，构件达到其耐火极限。对于承重分隔构件，如承重墙、楼板、屋面板等，兼具承重与分隔双重功能，当其达到失去稳定性、完整性或绝热性任何一条件时，构件即达到其耐火极限。

3. 建筑物的耐火等级

耐火等级是衡量建筑物耐火程度的分级标准。我国的建筑设计防火规范把建筑物的耐火等级划分为一、二、三、四级。一级最高，耐火能力最强；四级最低，耐火能力最差。对于不同类型、性质的建筑提出不同的耐火等级要求，可做到既有利于消防安全，又有利于节约基本建设投资。

建筑物耐火等级的划分是以楼板的耐火极限为基准的，因为在建筑结构中，楼板是最基本的承重构件，并把重量传给梁、柱、墙等构件。楼板的耐火极限确定以后，将其他建筑构件与楼板相比较，在建筑结构中比楼板重要的，如承重墙、梁、柱，其耐火极限高于楼板。其次，如隔墙、吊顶等的耐火极限低于楼板。

根据我国火灾事故发生的实际情况和建筑构件的特点，一级耐火等级建筑楼板的耐火极限为1.5 h，其主要建筑构件全部为非燃烧体。二级耐火等级建筑楼板耐火极限为1.0 h，主要建筑构件除吊顶为难燃烧体外，其余为非燃烧体。一般来说钢筋混凝土结构，钢筋混凝土砖石结构为一、二级耐火等级建筑。三级耐火等级建筑物楼板的耐火极限为0.5 h，其屋顶承重构件可为燃烧体，砖木结构建筑一般都为三级耐火等级建筑。四级耐火等级建筑的楼板耐火极限为0.25 h，除防火墙为非燃烧体外，其余构件均为难燃烧体和燃烧体。例如，木柱、木屋架承重，以砖石等非燃烧体或难燃烧体材料为墙的建筑都为四级耐火等级建筑。

工业建筑主要依据建筑物中生产和储存物品的火灾危险性来确定耐火等级，一般要求甲、乙类物品的厂房和库房宜采用一、二级耐火等级建筑。民用建筑中重要的公共建筑应用一、二级耐火等级建筑。一类高层民用建筑的耐火等级为一级，二类高层民用建筑的耐火等级不应低于二级。裙房的耐火等级不应低于二级，高层民用建筑地下室的耐火等级也应为一级。

四、建筑设计防火措施的基本内容

1. 总平面防火

在进行建筑物总平面布置时，应根据建筑物的使用性质、火灾危险性、地形、地势和风向等因素，进行合理布局，尽量避免建筑物相互之间构成火灾威胁和发生火灾后可能造成的严重后果，并为消防车能够顺利扑救火灾提供条件。

2. 建筑物耐火等级

要求建筑物在火灾高温的持续作用下，墙、柱、梁、楼板、屋盖、吊顶等基本建筑构件，能在一定的时间内不破坏，不传播火灾，从而起到延缓和阻止火势蔓延到作用，并为人员疏散、抢救物资和扑救火灾以及为火灾后修复创造条件。

3. 防火分区和防火分隔

在建筑物中采用耐火性能较好的分隔构件将建筑物空间分隔成若干区域，一旦某一区域起火，分隔构件就会阻止火势向其他空间蔓延。

4. 防烟分区

对于某些建筑物需用挡烟构件（挡烟垂壁、挡烟梁、隔墙）划分防烟分区，将烟气控制在一定范围，再用排烟设备将其排出，以保证人员疏散安全，也便于消防扑救工作的顺利开展。

5. 建筑物常用固定消防设施

（1）安全疏散设施：安全出口、疏散楼梯和楼梯间、疏散通道和疏散指示标志、应急广播、避难层、消防电梯等。

（2）防排烟设施：机械排烟、正压送风、空调系统防火等设施。

（3）水灭火系统：室外消火栓、室内消火栓、自动喷水灭火系统。

（4）气体灭火系统：卤代烷灭火系统、二氧化碳灭火系统等。

（5）火灾自动报警设施：火灾探测器、楼层显示盘、火灾报警主机等。

（6）防火分隔设施：防火墙、防火门、防火卷帘等。

第二节　火灾自动报警系统

建筑中火灾自动报警系统是当代电子信息技术与传统的建筑火灾探测报警技术有机结合的产物。现代建筑的消防安全要求必须以智能化建筑物的消防安全设计为基础，通过配置的各类消防设备与设施，实现火灾的早期预报与消防设备的有效动作，做到火灾报警及时可靠、消防设备联动迅速有效、现代建筑环境防火安全。

火灾自动报警联动设施，可以说是消防设施系统的核心。火灾报警功能只是其一，还有各种联动控制功能，如自动喷淋灭火联动、防火卷帘联动控制、消防泵房联动控制、非消防电源强切联动控制、消防广播电话联动控制、消防电梯联动控制、消防应急照明联动控制、集中空调防火阀联动控制、机械防烟排烟防烟阀联动控制等。

火灾报警系统是依据主动防火对策，以被监测的各类建筑物、油库等为警戒对象，通过自动化手段实现早期火灾探测、火灾自动报警和消防设备连锁联动控制。所以火灾报警系统由火灾探测器、报警控制器、消防电源、火灾警报装置、联动控制装置、消防电话装置、消防应急照明与疏散指示装置等组成，如图 3—1 所示。

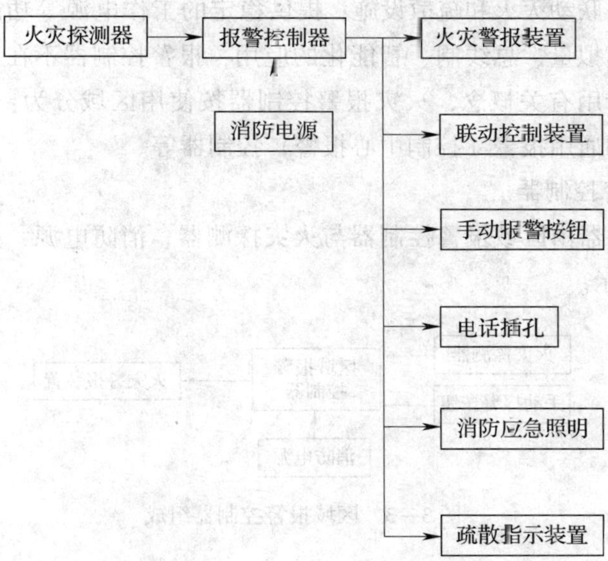

图 3—1　火灾报警系统结构示意图

一、火灾报警系统的组成

1. 火灾探测器

火灾探测器，是能对可见的或不可见的烟雾粒子、温度、光等响应的火灾探测装置，分为：感温、烟感、感光和复合探测器，如图 3—2 所示。在火灾报警系统中，火灾探测器长年累月地监测被警戒的现场或对象，当监测场所或对象发生火灾时，火灾探测器检测到火灾产生的烟雾、高温、火焰及火灾特有的气体等信号并转换成电信号，经过分析比较，给出火灾报警信号，通过火灾控制器上的声光报警显示装置显示出来，通知消防人员发生了火灾。

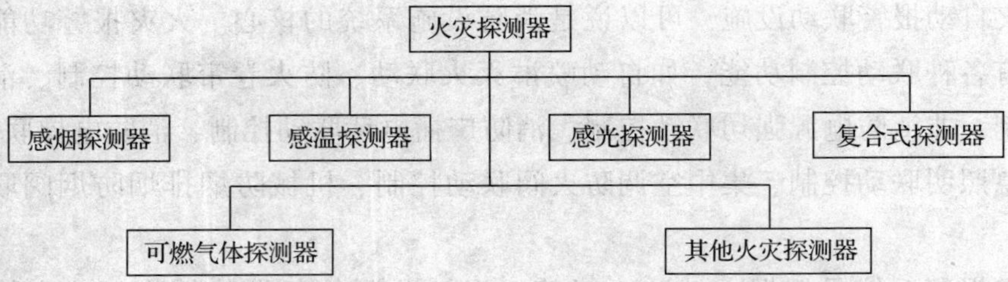

图 3—2　火灾探测器组成

2. 火灾报警控制器

火灾报警控制器是火灾报警系统的核心，具有接收、处理报警信号；巡检、监视探测器及系统自身的工作状态；进行声光报警；指示报警部位和报警时间；接通消防电话和消防广播；联动灭火和疏散设施；提供稳定的工作电源等功能和作用。随着报警技术的发展，模拟量、总线制、智能化的应用，报警控制器不在具体划分。考虑到目前消防规范仍沿用有关概念，火灾报警控制器按使用区域分为：区域报警控制器、集中报警控制器和通用报警（控制中心报警）控制器等。

（1）区域报警控制器

区域报警控制器由区域报警控制器与火灾探测器、消防电源、火灾警报装置等组成，如图 3—3 所示。

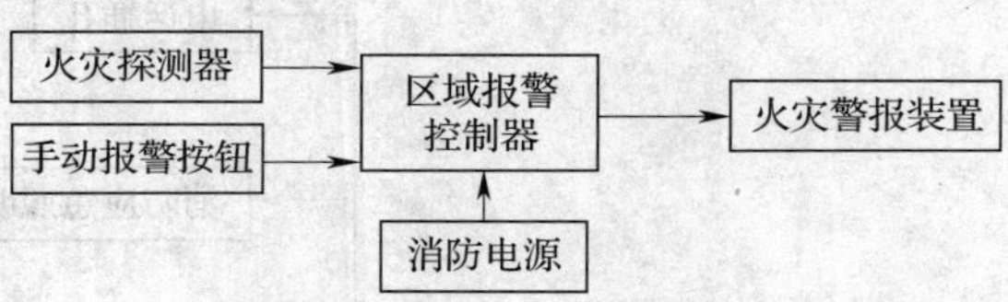

图 3—3　区域报警控制器组成

（2）集中报警控制器

集中报警控制器由集中报警控制器、区域报警控制器、报警探测器等组成，如图 3—4 所示。

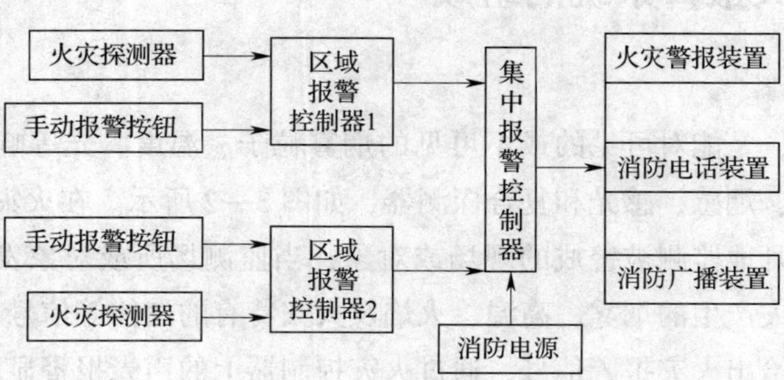

图 3—4　集中报警控制器组成

（3）通用（控制中心）报警控制器

通用（控制中心）报警控制器是由设置在消防控制室的集中报警控制器、区域报警控制器、火灾探测器和消防联动控制设备等组成，如图 3—5 所示。

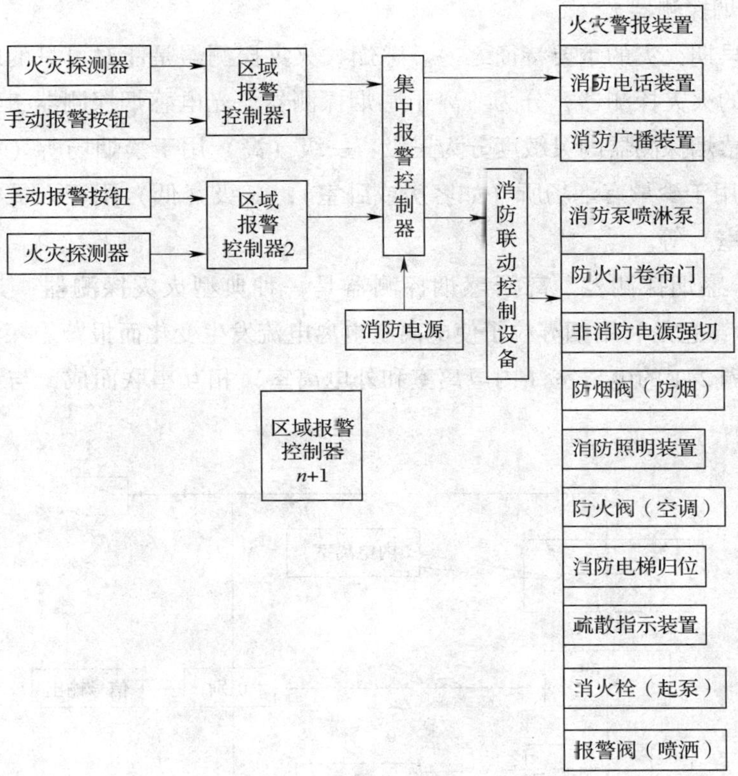

图 3—5　通用（控制中心）控制器

3. 手动报警按钮

手动报警按钮是设在报警区域，通过人工操作可实施报警的装置。

4. 消防专用电话

消防专用电话是设在工作区域，专供消防控制中心人员使用的有线通信装置。

5. 消防电源

消防电源是设在消防控制室专门为报警控制器提供供电的装置。

6. 其他联动控制功能

其他联动控制功能主要包括：火灾警报启动、消防电话启动、消防广播启动、防火门启动、防火卷帘门启动、消防泵启动、喷淋泵启动、非消防电源强切、消防应急照明启动、安全疏散指示启动、消防专用电梯启动、消火栓加压启动、消防防烟排烟启动、空调、通风防火阀启动等。

二、火灾探测器的基本原理

1. 感烟探测器基本原理

(1) 感烟探测器

烟雾是早期火灾的重要特征之一。感烟式火灾探测器是能对可见的或不可见的烟雾粒子响应的火灾探测器，分为：离子感烟探测器、光电感烟探测器、红外对射感烟探测器等。感烟探测器的灵敏度分为三级：一级（高）用于禁烟场所（如计算机房）；二级（中）用于少量有烟场所（如客房或卧室）；三级（低）用于人员密集的有烟场所（如会议室）等。

1）离子感烟探测器。离子感烟探测器是一种典型火灾探测器。其工作原理如图 3—6 所示，它是利用烟雾粒子使电离室电离电流发生变化而报警。探测单元由两个内含放射源镅 241 的电离室（内电离室和外电离室）相互串联而成，与识别电路构成电压平衡桥。

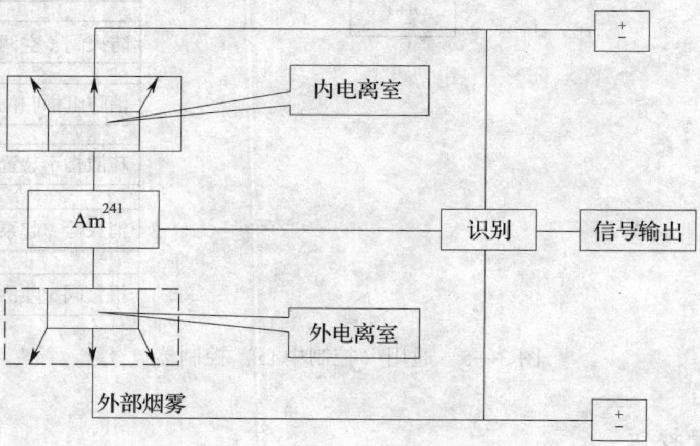

图 3—6　离子感烟探测器工作原理

外电离室可直接检测到外界烟雾粒子，当放射源镅 241 在电离室所产生 α 射线生成正、负电离子，并形成电离电流。在没有外界烟雾粒子作用时，电离室处于电桥平衡。当有烟雾产生时，烟雾进入外电离室，一是烟粒子吸附带电离子，使其运动速度降低；二是烟粒子阻挡 α 射线，使空气的电离能力减弱等，都会使电离电流减少。而这时识别电路就会把这种变化量提取出来，作为火警信号发送到报警控制器而发出报警信号。内电离室基本不能与外界相通，只能起到一种补偿由于温度、湿度、灰尘等外界环境因素对外电离室的影响，以提高探测器的工作稳定性和减少误报率。

目前，离子感烟探测器由于有放射污染的问题基本已不再生产，还在使用的离子感烟探测器也将被逐渐淘汰。

2）光电感烟探测器。光电感烟探测器也是典型火灾探测器之一。其工作原理如图 3—7所示，是利用烟雾粒子对光的散射、吸收或遮挡作用，使光元件（发光元件和受光元件）的光电电流发生变化而报警。

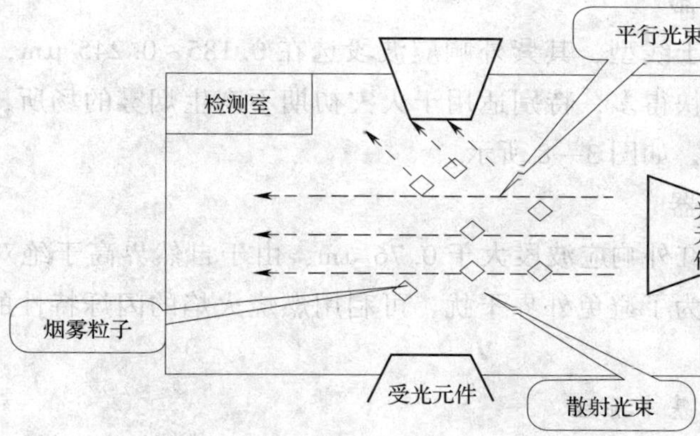

图 3—7　光电感烟探测器工作原理

在探测器探测室内，分置发光元件和受光元件，由于二者的光轴不在同一轴线上，而形成一定散射夹角（90°～135°）。在无烟情况下，发光元件发出的光沿直线传播，受光元件接收不到光信号，因此不会产生光电电流；当有烟雾进入检测室时，由于烟雾粒子对发光元件发出的光散射作用，使受光元件接收到光信号，产生光电电流，当达到规定值时发出报警信号。

目前，光电感烟探测器比较广泛的用于火灾初期产生烟雾的场所，并有逐渐替代离子感烟探测器的趋势。

3）红外对射感烟探测器。红外线对射感烟探测器属于线型火灾探测器，其工作原理与光电感烟探测器原理基本相同（相当于探测室在室外），如图 3—8 所示，也是利用烟雾粒子对光的吸收或遮挡作用而报警。由于放射机与接收机相隔一定距离，探测范围形成一个较大的立体空间。

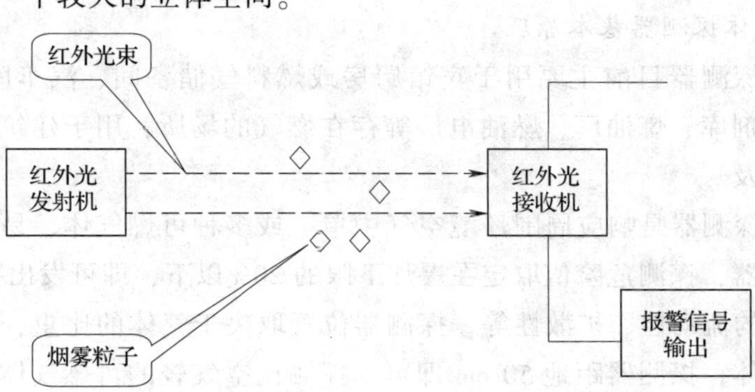

图 3—8　线型火灾探测器工作原理

2. 感光探测器基本原理

感光探测器是响应燃烧火焰辐射出的红外光或紫外光的火灾探测器，分为紫外探测器和红外探测器。

（1）紫外探测器

紫外探测器属于线型，其紫外响应波段选在 0.185～0.245 μm，其响应速度比感烟、感温探测器快得多，特别适用于火灾初期不产生烟雾的场所，如生产、储存火药、石油等场所，如图 3—8 所示。

（2）红外探测器

红外探测器的红外响应波段大于 0.76 μm，由于自然界高于绝对零度的物体都会产生红外辐射，为了避免外界干扰，可利用燃烧火焰的闪烁特性的识别技术，以减少误报。

3. 感温探测器基本原理

感温探测器是响应异常温度或异常温升速率的火灾探测器，分为：定温式、差温式和差定温式，利用各种热敏元件，如易熔金属、双金属片、热敏电阻、膜盒等。当温度、异常温升速率或异常温差达到热敏元件的动作温值时，触发探测器发出报警。

（1）定温式火灾探测器

它是在规定的时间内，火灾引起的温度上升超过某个定值时启动报警的火灾探测器，一般定温在 65℃以上动作。

（2）差温式火灾探测器

它是在规定时间内，火灾引起的温度上升速率超过某个规定值时启动报警的火灾探测器，一般温升速率在 10℃/min 以上动作。

（3）差定温式火灾探测器

它是结合定温式和差温式两种感温作用原理并将两种探测器组合而成，只要出现其中之一即动作。

4. 可燃气体探测器基本原理

可燃气体探测器目前主要用于宾馆厨房或燃料气储备间、汽车库、压气机站、过滤车间、溶剂库、炼油厂、燃油电厂等存在燃气的场所，用于建筑火灾时烟气体的探测尚未普及。

可燃气体探测器是响应周围环境空气中单一或多种可燃气体、易燃液体蒸气的可燃气体探测器，探测危险值取定在爆炸下限的 20%以下，即可发出报警。

由于气体的流动性、扩散性等，探测器位置取决于气体的比重，一般探测比空气重的可燃气体，探测器距地 50 cm 即可，探测比空气轻的可燃气体，探测器可设在天花板附近。

可燃气体探测器均应采取防爆型，应在非火灾场所使用。

5. 复合式探测器基本原理

复合式探测器是由两种或两种以上不同原理的传感器，按一定的工作方式组合而成的火灾探测器。

第三节　自动喷水灭火系统

自动喷水灭火系统主要由喷淋泵、报警阀组、自动喷头及连通管线（阀门）等组成。该系统对环境无污染，适合于人员密集，不易疏散，外部增援灭火与救生困难，性质重要以及危险性较大的场所。但是该系统也存在一定的缺点，主要体现在：不适合遇水发生爆炸或加速燃烧的物品火灾；不适合遇水发生剧烈化学反应或产生有毒有害物质的物品火灾；不适合洒水导致喷溅或沸溢的液体物质火灾。自动喷水灭火系统类型如图 3—9 所示。

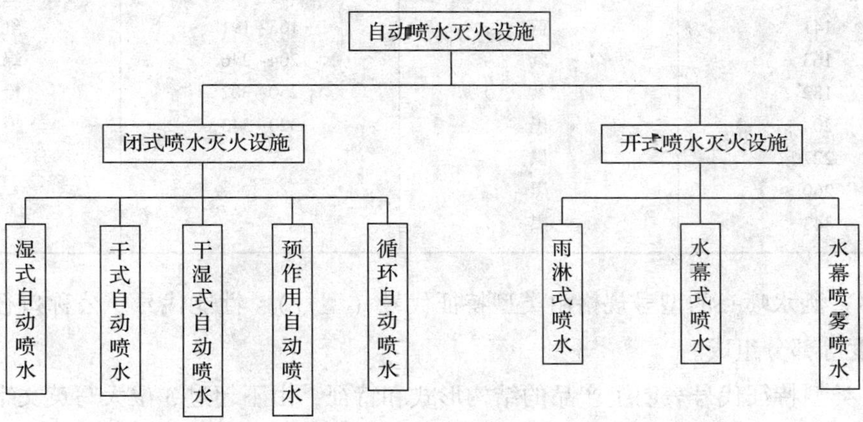

图 3—9　自动喷水灭火系统类型

一、喷头

自动喷水灭火喷头是灭火的关键组件，具有探测火灾、启动系统和喷水灭火等功能。喷头按开启方式分为玻璃球喷头、易熔合金喷头等；按喷洒方式分为上喷喷头、下喷喷头、侧喷喷头等；按保护对象分为普通喷头、水幕喷头、水雾喷头、快速响应喷头等。

1. 主要特点

（1）喷头公称口径和接口螺纹详见表 3—1。

表 3—1　　喷头的公称口径和接口螺纹

公称口径/mm	接口螺纹/in
10	R1/2、R3/8
15	R1/2
20	R3/4

（2）喷头公称动作温度和颜色标志详见表 3—2。

表 3—2　　公称动作温度和颜色标志

玻璃球喷头		易熔元件喷头	
公称动作温度/℃	液体色标	公称动作温度/℃	轭臂色标
57	橙		
68	红		
79	黄		
93	绿	57~77	无色
107	绿	80~107	白
121	蓝	121~149	蓝
141	蓝	163~191	红
163	紫	204~246	绿
182	紫	250~302	橙
204	黑	320~343	橙
227	黑		
260	黑		
343	黑		

（3）洒水喷头的型号规格由类型特征代号（型号）、性能代号、公称口径和公称动作温度等部分组成。

1）类型特征代号表明了产品的结构形式和特征，由不超过 3 位大写英文字母、阿拉伯数字或其组合构成，可由生产商自己命名。

2）性能代号表明喷头的洒水分布类型、热响应类型或安装位置等特性，由下列符号构成：

通用型喷头：ZSTP

直立型喷头：ZSTZ

下垂型喷头：ZSTX

直立边墙型喷头：ZSTBZ

下垂边墙型喷头：ZSTBX

通用边墙型喷头：ZSTBP

水平边墙型喷头：ZSTBS

齐平式喷头：ZSTDQ

嵌入式喷头：ZSTDR

隐蔽式喷头：ZSTDY

干式喷头：ZSTG

3）快速响应喷头、特殊响应喷头在性能代号前分别加“K”“T”并以“—”与性能代号间隔，标准响应喷头在性能代号前不加符号；带涂层喷头、带防水罩的喷头在性能代号前分别加“C”“S”，并以“—”与性能代号间隔。洒水喷头的标记如下：

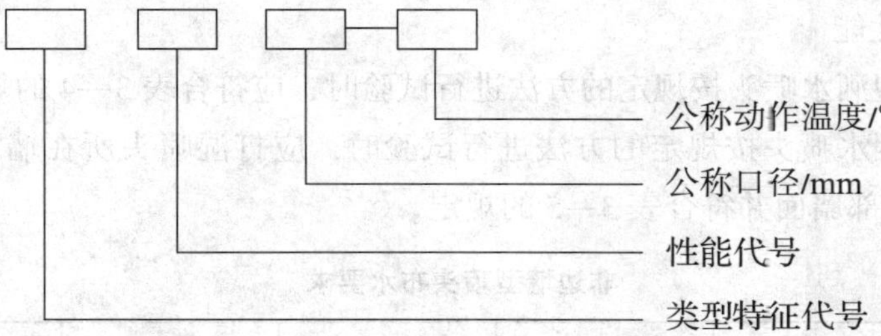

2. 主要技术指标

（1）整体要求

洒水喷头在制造上应确保其产品的一致性，从设计和制造上应保证使其不能轻易调整、拆卸和重装。

（2）外观

1）喷头的外表面应均匀一致，无明显的磕碰伤痕及变形．喷头框架采用铜镀铬，表面涂、镀层完整美观。

2）喷头的接口螺纹应符合 GB/T 7306 的规定。喷头感温元件的公称动作温度、颜色标志及静态动作温度应符合《自动喷水灭火系统第 1 部分：洒水喷头》（GB 5135. 1—2003）中的规定。

3）喷头溅水盘或者本体上至少具有型号规格、生产厂商名称（代号）或者商标、生产时间、响应时间指数（RTI）等永久性标识。

4）边墙型喷头上有水流方向标识；隐蔽式喷头的盖板上有“不可涂覆”等文字标识。

5）所有标识均为永久性标识，标识正确、清晰。

（3）喷头的流量系数 K 由下式计算：

$$K=\frac{Q}{\sqrt{10P}}$$

式中　P——喷头入口处压力，MPa；

Q——喷头的流量，L/min。

喷头流量系数 K 的任一测量值和平均值均应符合表 3—3 的规定。

表 3—3　　流量系数

公称口径/mm	流量系数 K	干式喷头流量系统 K
10	57±3	57±5
15	80±4	80±6
20	115±6	115±9

（4）布水性能

1）非边墙型洒水喷头按规定的方法进行试验时，应符合表 3—4 的规定。

2）边墙型洒水喷头按规定的方法进行试验时，应打湿喷头所在墙下方距溅水盘 1.22 m 以下的全部墙面并符合表 3—5 的规定。

表 3—4　　非边墙型喷头布水要求

公称口径/mm	洒水密度/(mm/min)	每只喷头流量/(L/min)	保护面积/m²	喷头间距/m	低于洒水密度 50% 的集水盒数/个
10	2.5	50.6	20.25	4.5	≤8
15	2.0	61.3	22.25	3.5	≤5
15	15.0	135.0	9.00	3.0	≤4
20	10.0	90.0	9.00	3.0	≤4
20	30.0	187.5	6.25	2.5	≤3

表 3—5　　边墙型喷头布水要求

公称口径/mm	平均洒水密度不低于/(mm/min)	单盒最小洒水密度/(mm/min)	每只喷头流量/(L/min)	保护面积/m²	喷头间距/m	喷头所在边墙下部集水盒的集水量
10	2.0	1.2	57	9.0	3.0	不少于喷头总洒水量的 3.5%
15	2.0	1.2	57	9.0	3.0	不少于喷头总洒水量的 3.5%
20	2.8	1.2	78	9.0	3.0	不少于喷头总洒水量的 3.5%

（5）静态动作温度

1）易熔元件洒水喷头的静态动作温度按规定的方法进行试验，不应超过下式规定的范围。

$$X\pm(0.035X+0.62)$$

式中 X——公称动作温度,℃。

2）玻璃球洒水喷头按规定的方法进行试验，静态动作温度应符合表3—6的规定。

表3—6 玻璃球喷头的静态动作温度 单位:℃

喷头公称动作温度	最低动作温度	80%的样品应在下列温度前动作	最高动作温度
57	54	60	63
68	65	71	74
79	75	83	87
93	89	97	101
107	102	111	115
121	116	126	120
141	135	147	149
163	156	170	171
182	175	189	190
204	196	212	213
227	218	236	237
260	250	270	271
343	330	355	357

3. 玻璃球喷头

（1）普通型玻璃球洒水喷头

普通型玻璃球洒水喷头可分为普通、下垂（下喷）、直立（上喷）、边墙型（侧喷）、隐蔽型等，如图3—10所示。

普通型玻璃球喷头是自动灭火系统中常用的、关键的组成部件，用来探测火灾并通过自动喷水来控制或扑灭火灾，广泛用于保护餐厅、宾馆、商店、商厦、仓储库房、地下车库、服装厂等轻、中危险级，也可保护严重危险级的建筑物。

（2）下垂型（直立型）玻璃球洒水喷头

下垂型玻璃球喷头由螺纹管、连接架、玻璃管、转轴、溅水盘、顶柱和阀门等部件组成，其结构特点是螺纹管内连有阀门，玻璃管的两端分别连接在阀门和顶柱上，顶柱和螺纹管之间连接有连接架，顶柱与溅水盘之间连有转轴，如图 3—11 所示。溅水盘沿圆周方向均匀排列有倾斜的齿，能够在水流冲击时，溅水盘快速旋转，使得冲击溅水盘的水流向四周喷洒均匀，提高了消防喷头的消防效果和效率。

图 3—10　普通型玻璃球洒水喷头

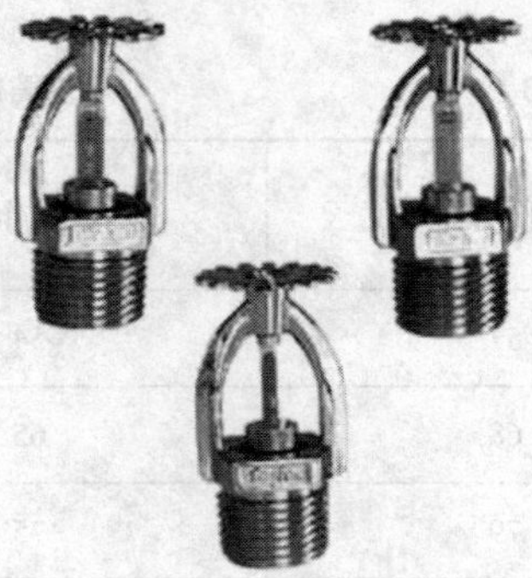

图 3—11　下垂型（直立型）玻璃球洒水喷头

（3）侧喷型玻璃球洒水喷头

侧喷型玻璃球洒水喷头带有定向的溅水盘，可以靠墙壁安装，喷水形状呈半抛物状，将 85%水量喷向喷头方向，其余水喷向后面墙上，如图 3—12 所示。侧喷型玻璃球洒水喷头安装分为：立式、水平式。这种喷头适合安装在层高小的走廊、房间或不便在房间中央顶部设置喷头的场所。

（4）隐蔽型玻璃球洒水喷头

隐蔽型玻璃球洒水喷头适用于安装在装饰豪华、外观要求美化的场所，如商场、高级宾馆、酒店、娱乐中心等，如图 3—13 所示。该类喷头也适用于因装潢、空调等因素使得天花板标高太低、净空受限的场所，以及在人流密集、货物搬运频繁、随时都能碰撞到外露喷头，以避免造成人为因素而误动作等场所等。该类喷头也由玻璃球喷头、罩、外壳、底盖组成，喷头和罩一起安装在管路管件上，再安装外壳，外壳和底盖由易熔合金焊接成一体。当发生火灾时，环境温度升高，达到易熔合金的熔点时，喷头底盖自动脱落，溅水盘下移。随着温度继续升高，罩内喷头玻璃球因温度敏感液体膨胀而破碎喷水。

4. 易熔合金喷头

易熔合金喷头是采用易熔合金为温感元件的一种喷头，和其他喷头一样广泛用于宾馆、商厦、餐厅、仓储库房、地下车库、服装厂等轻、中危险等级，也可用于保护严重危险等级的场所，如图 3—14 所示。

（1）主要特点

1）由铜合金压铸件，一般采用进口易熔合金感温元件与密封件装配而成，与玻璃球喷头相比结构更紧凑、外形更精巧，受撞损的概率更小。

图 3—12　侧喷型玻璃球洒水喷头

图 3—13　隐蔽型玻璃球洒水喷头

2）采用金属垫片密封，使用寿命更长。

3）可用于常规玻璃球喷头不能适应的低温保护场所，如冷库、地下车库等。

4）采用进口易熔合金材料，性能稳定、动作温度精确、响应速度快。

（2）主要技术指标

1）流量系数：$K=80$。

2）动作温度：74℃、77℃、80℃、107℃、121℃、149℃。

3）连接螺纹：R1/2。

5. 水幕喷头

水幕喷头是自动或手动水幕系统中的一个重要部件，适用于需要用水幕保护的建筑物、构筑物中大空间的水幕隔断，如图 3—15 所示．主要用来对窗口、檐口和燃烧体构造的墙面以及建筑物内所设防火卷帘进行保护等。

易熔合金喷头
（No：035）

图 3—14　易熔合金喷头

图 3—15　水幕喷头

（1）主要特点

1）宜直立安装，开口面向保护对象；若组成水幕隔墙时应水平安装。

2）结构新颖、小巧、外观精美，能够保证有准确的喷射形状和最大的水幕。

3）本体用铜合金制造，经久耐用。

（2）主要技术指标

1）流量系数：$K=28$、40、52、80、115、200。

2）喷洒角：120°、150°、180°。

3）连接螺纹：R1/2、R3/4、R1。

4）型式：单口，双口。

6. 水雾喷头

水雾喷头是水雾灭火系统中的主要部件，用来保护闪点在66℃以上的易燃液体、气体和固体危险区，水流通过此喷头后迅速雾化喷射，提高了灭火效能，如图3—16所示。在火灾期间该喷头对火灾区附近各种建筑物的外露吸热表面连续喷射水雾，防止外露表面吸热和火灾蔓延，以保护各种建筑物的安全。

（1）主要特点

1）限制燃烧速度，减少火灾破坏，减少爆炸危险，促使蒸气稀释和散发。

2）仅用水作为灭火剂，有良好的经济性。

3）如果要求扑灭液体火灾，可将清水泡沫引入混流器内。

4）能有效地与其他灭火系统如干粉系统配合使用。

5）喷头用铜合金制造，经久耐用。如在腐蚀性环境中使用，应使用不锈钢水雾喷头。

6）连接螺纹为R1/2，安装、使用方便。

（2）主要技术指标

1）流量系数：K=28、34、42、50、57、64、80、115。

2）喷雾角：60°、90°、120°、145°、163°、180°。

3）连接螺纹：R1/2。

7. 快速响应早期抑制洒水喷头

快速响应早期抑制洒水喷头是响应时间指数（*RTI*）≤28±8（m.s）0.5，用于保护高堆垛与高货架仓库的大流量特种洒水喷头，是专门为对付高危险度的仓库火灾而设计的，如图3—17所示。

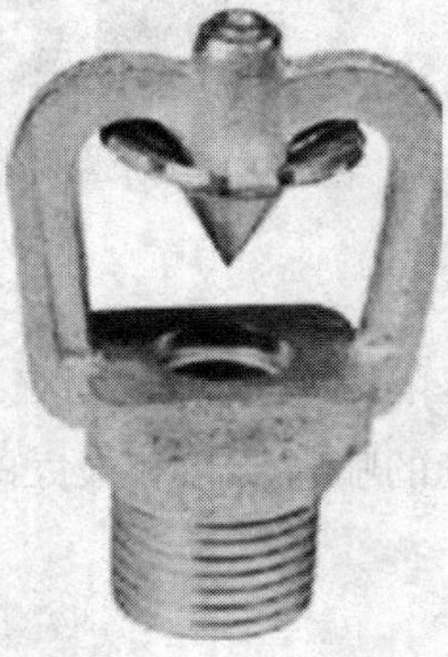

图3—16　水雾喷头

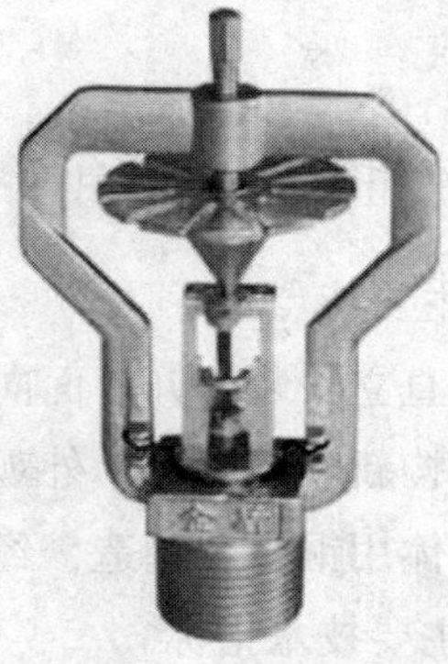

图3—17　快速响应喷头

（1）主要特点

1）安装形式：下垂式。

2）公称口径：20 mm，连接螺纹 R3/4。

3）流量特性系数：$K=200$。

4）响应时间指数（*RTI*）≤28±8（m·s）0.5。

5）最大工作压力：1.2 MPa。

6）动作温度：68℃。

7）最大覆盖面积：9.3 m^2。

8）最小覆盖面积：7.4 m^2。

9）重量：235 g。

（2）主要技术指标

1）玻璃球：直径 2.5 mm，*RTI*≤28±8（m·s）0.5。

2）动作温度：68℃。

3）流量系数：$K=200$。

4）连接螺纹：R3/4。

5）安装高度：12≤m。

二、报警阀组

报警阀具有接通或切断水源，开启振警器及报警联动系统功能的装置，可分为：湿式报警阀、干式报警阀、雨淋式报警阀和预作用报警阀等。

1. 湿式报警阀

湿式报警阀是湿式自动喷水灭火系统的一个重要组成部件，主要由报警阀、水力警铃、延迟器、压力开关、压力表、排水阀、试验球阀等组成，如图 3—18 所示。

湿式报警阀主要技术指标如下：

（1）公称直径（mm）：100。

（2）密封试验（MPa）：2.4。

（3）额定工作压力（MPa）：1.2。

（4）报警流量（L/min）：15。

（5）延迟报警时间（s）：5~90。

（6）警铃启动压力（MPa）：≤0.035。

（7）摩阻（MPa）：<0.02。

2. 干式报警阀

干式报警阀是自动喷水灭火系统中的一种控制阀门，它是在其出口侧充以压缩气体，当气压低于某一定值时能使水自动流入喷水系统并进行报警的单向阀，如图 3—19 所示。

图 3—18　湿式报警阀

图 3—19　干式报警阀

3. 雨淋报警阀

雨淋报警阀是通过湿式、干式、电气或手动等控制方式进行启动，使水能够自动单方向流入喷水系统，同时进行报警的一种单向阀，广泛用于雨淋系统、预作用系统、水雾系统和水幕系统，如图 3—20 所示。雨淋系统适用于火灾危险性大、可燃物多、发热量大、燃烧猛烈和蔓延迅速，并要求在同一防区内同时密集喷水的场所，如：液化石油气的罐瓶间，泡沫橡胶的生产车间，化纤类物品的仓库，剧院的舞台、演播室及电影摄影棚等。

预作用系统是一种应用越来越广泛的新型的自动喷水灭火系统，具有报警早、喷水快、功能全及适用范围广等优点，除了能广泛用在湿式系统和干式系统适用的场所外，还特别适用于高温或寒冷的场所，通常安装于既需用水灭火，但又不允许发生非火灾原因而误喷的场所，例如，高级宾馆、储藏珍贵文本的图书馆、档案馆及贵重物品的贮藏室。

水雾系统可用于扑救固体火灾、液体火灾及电气火灾以及可燃气体和甲、乙丙类液体的生产、储存或装卸设施的防护冷却，例如，纸张、纺织品等普通可燃物干燥过程的场所，有火灾危险的工业装置，有粉尘火灾危险的车间、变压器、电缆、油槽以及液化石油气、易燃液体的储罐等。

水幕系统适用于舞台口、门窗口、洞孔口及燃烧体构造的墙面，也可单独作为防火分区的手段，通常与防火卷帘、玻璃幕墙等配合使用，起阻火、隔断空间，封闭门窗洞孔，分隔豁口，冷却建筑物暴露表面等。

4. 预作用报警阀

预作用报警阀是由雨淋阀和湿式报警阀上下串接而成，雨淋阀位于供水侧，湿式报警阀位于系统侧而成为预作用阀组。系统由预作用阀、水力警铃、压力开关、空压机、空气维护装置、信号碟阀等组成，如图 3—21 所示。

图 3—20 雨淋报警阀

图 3—21 预作用报警阀

三、报警阀相关组件

1. 监测器

报警阀的监测器用来对系统的工作状态进行监测的设施，分为：水流指示器、阀门限位器、压力监测器、气压保持器和水位监视器等。

2. 报警器

报警器是用来发出声响报警信号的装置，分为：水力警铃和压力开关等。

压力开关安装在水力报警信号管路上，用于监测管网内的水压状态。并自动连锁开启消防水泵。平时报警阀关闭，报警信号管路呈无压状态。系统一旦开启，报警阀将被打开，报警信号管路充有压力水，压力开关动作，向消防控制中心发送电信号。消防控制中心接到压力开关的信号后，便自动控制开启消防水泵。

3. 水流指示器

水流指示器是自动喷水灭火系统的一个组成部件，通常安装于管网配水干管或配水管的始端，用于显示火警发生区域，启动各种电报警装置或消防水泵等电气设备，适用于湿式、干式及预作用等自动喷水灭火系统。

水流指示器由本体、微型开关、桨片及法兰底座等组成。它竖直安装在系统配水管网的水平管路上或各分区的分支管上。发生火灾时，喷头开启喷水，当有水流过装有水流指示器的管道时，流动的水推动桨片，使电接点接通，将水流信号转换为电信号，输出电动报警信号到消防控制中心。其用于检测自动喷水灭火系统运行状况及确定火灾发生区域和部位。

4. 管道系统

自动喷水系统的管道，若以报警阀为单元划分，报警阀前的管道称为供水管道，报警阀后的管道称为配水管道。自动喷水灭火系统设有 2 个及 2 个以上报警阀组时，其供水管道应设置成环状。

5. 末端试水装置

末端试水装置专用于测试系统能否在开放一只喷头的最不利条件下可靠报警并正常启动，并对水流指示器、报警阀、压力开关、水力警铃的动作是否正常，配水管道是否畅通，以及最不利点处的工作压力进行综合检验。

四、自动喷水灭火系统工作原理

1. 湿式自动喷水灭火系统工作原理

湿式自动喷水灭火系统是指准工作状态时在报警阀的上下管道中始终充满着用于启动系统的有压力水的闭式系统。它是自动喷水灭火系统中最基本的系统方式之一。

（1）系统组成

该系统由闭式喷头、配水管、湿式报警阀、水流指示器、水泵、水池、压力开关、水力警铃、延迟器、末端试水装置、总控制阀、湿式报警控制箱等组成，如图 3—22 所示。

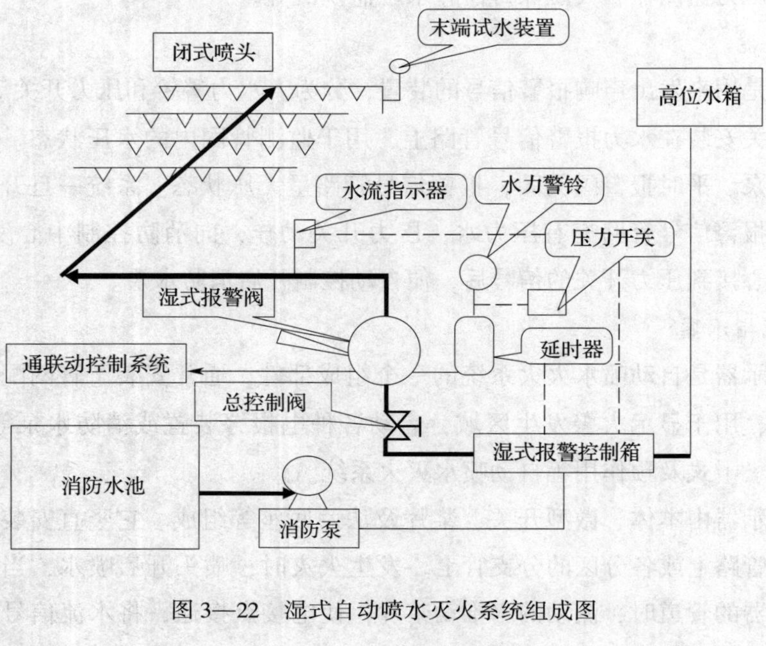

图 3—22　湿式自动喷水灭火系统组成图

（2）系统工作原理

在正常状态时，由高位水箱或稳压设备（气压罐）等保持系统内带水状态的工作压力，湿式报警阀阀瓣因自重而关闭。一旦发生火灾，温度上升至喷头动作温度（喷头耐受温度可选定一般为68℃）时，玻璃球炸裂而出水，使系统一侧水压下降，阀瓣因压差而开启供水，一侧水向供水干管上的水流指示器供水，水流指示器开始动作并发出声光报警信号传递到湿式报警控制箱，显示火灾区域（也就是常说的水喷淋系统还具有报警功能）。同时另一侧水流入报警管路通过延时器（可延时5~90 s），这时连接的水力警铃开始发出持续铃声，压力开关动作，也向报警控制箱传送信号，报警控制箱控制喷淋泵动作，向干管供水，压力水流向配水管路上的喷头，保持喷水状态。

2. 干式自动喷水灭火系统

干式系统是指准工作状态时报警阀后的配水管道为没有水，充满着用于启动系统的有压气体的闭式系统。

（1）系统组成

该系统由闭式喷头、配水管、干式报警阀、水泵、水池、末端试水装置、总控制阀组成等，如图3—23所示。

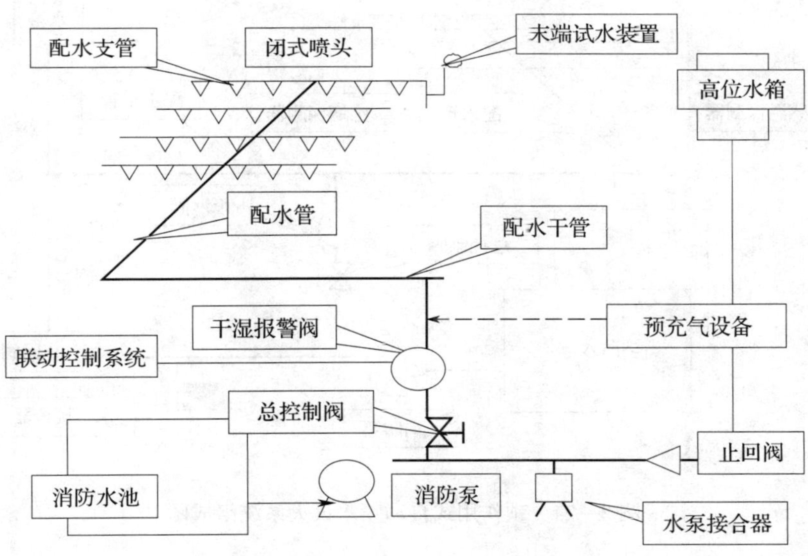

图3—23　干式自动喷水灭火系统组成图

（2）系统工作原理

平时管线及喷头充满有压气体，干式报警阀处于关闭状态。发生火灾时，喷头破裂后先喷出气体，使报警阀后的压力下降，水压力作用将干式报警阀打开，阀瓣因压差而开启供水，一侧水向供水干管上的水流指示器供水，水流指示器开始动作并发出声光报警信号传递到湿式报警控制箱，显示火灾区域（也就是常说的水喷淋系统还具有报警功能）；同时另一侧水流入报警管路通过延时器（可延时 5~90 s），这时连接的水力警铃开始发出持续铃声，压力开关动作，也向报警控制箱传送信号，报警控制箱控制喷淋泵动作，向干管供水，压力水流向配水管路上的喷头，保持喷水状态。

需要说明的是，由于干式系统开始有一个排气过程，会影响灭火的速度和效果。所以，系统一般应设有快速排气阀。

3. 预作用自动喷水灭火系统

预作用系统是指准工作状态时配水管道内不充水，由火灾自动报警系统自动开启雨淋报警阀后，转换为湿式系统的闭式系统。

（1）系统组成

该系统由闭式喷头、配水管、自动排水阀、水流指示器、消防泵、高位水箱、压力罐、水力警铃、末端试水装置、水泵接合器、感烟探测器、感温探测器、报警器、雨淋阀、进水管、排水管、空压机组成等，如图 3—24 所示。

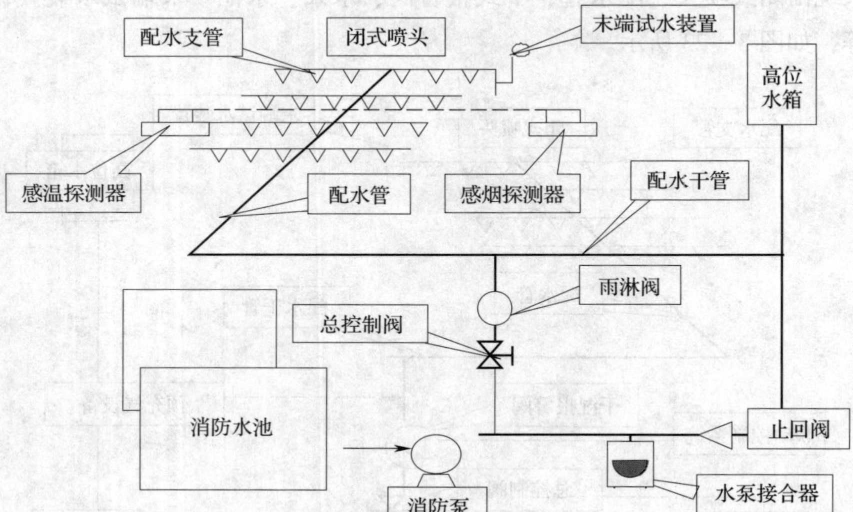

图 3—24　预作用式自动喷水灭火系统组成图

（2）系统工作原理

该系统在报警阀后的管道内平时处于无水状态，充以有压或无压气体（空气），呈干式。发生火灾时，火灾探测器发出报警信号，由报警控制器控制电磁阀自动排气，这时报警阀随即打开，使压力水迅速充满管道，由原来干式系统转变为湿式系统，完成预作用过程。

预作用系统是一种应用越来越广泛的新型自动喷水灭火系统，具有报警早、喷水快、功能全及适用范围广等优点。预作用系统除了能广泛用在湿式系统和干式系统适用的场所外，还特别适用于高温或寒冷的场所，通常安装于既需用水灭火，但又不允许发生非火灾原因而误喷的场所，如高级宾馆、储藏珍贵文本的图书馆、档案馆及贵重物品的储藏室等。

4. 雨淋自动喷水灭火系统

雨淋自动喷水灭火系统是指由火灾自动报警系统或传动管控制，自动开启雨淋报警阀和启动供水泵后，向开式洒水喷头供水的开式系统。发生火灾时，系统保护区域内的所有开式喷头同时喷水灭火，可以在瞬间喷出大量的水，覆盖或阻隔整个火区，从而提供一种整体保护，用以对付和控制来势凶猛、蔓延迅速场所的火灾。

（1）系统组成

该系统由闭式喷头、开式喷头、配水管、自动排水阀、消防泵、高位水箱、传动管、水泵接合器、雨淋阀、进水管、排水管等组成，如图 3—25 所示。

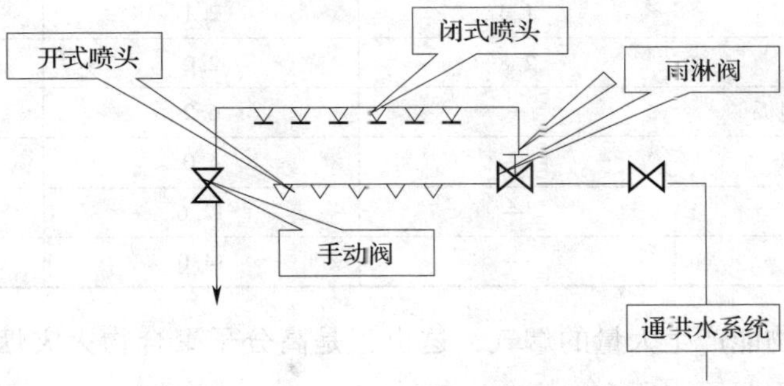

图 3—25 雨淋式自动喷水灭火系统组成图

（2）系统工作原理

雨淋系统由火灾自动报警探测控制系统与雨淋报警阀开式系统组成，在工作原理上同预作用系统。

第四节 防排烟系统

大量的火灾事实表明，烟气是导致火灾受灾人员伤亡的最主要的原因之一，是建筑火灾的“第一杀手”，有 70%～80% 火灾死亡来自烟气的危害。烟气不仅会导致人员伤亡，而且会影响灭火救援行动的展开，同时还会造成火灾扩大蔓延。因此，采取建筑防烟排烟措施，可以有效控制和减少烟气对火灾中人员的伤亡，有利于灭火救援，有利于防止和减少火灾扩大蔓延。

一、火灾烟气的流动

1. 建筑材料发烟量

木材的发烟量会随着温度升高而减少，见表 3—7。这是由于木材受热分解出的碳粒子在高温作用下有重新燃烧的缘故。

表 3—7　　常见建筑材料发烟量

材料名称	发烟量/m³/g		
	300℃	400℃	500℃
松木	4.0	1.8	0.4
杉木	3.6	2.1	0.4
普通胶合板	4.0	1.0	0.4
难燃胶合板	3.4	2.0	0.6
硬质纤维板	1.4	2.1	0.6
锯木屑板	2.8	2.0	0.4
玻璃纤维增强塑板	—	6.2	4.1
聚氯乙烯	—	4.0	10.4
聚苯乙烯	—	12.6	10.0
聚氨酯	—	14.0	4.0

高分子聚合物能产生大量的烟气，这也正是高分子聚合物火灾烟气危害远远超过一般可燃材料的重要原因所在。

2. 建筑材料发烟速度

由此可知，木材在加热到 350℃时发烟量一般会随温度升高而降低，而高分子聚合物则恰恰相反，发烟量会随着温度升高而增加，见表 3—8。同时，高分子聚合物要比木材的发烟速度大得多，这是因为高分子聚合物的发烟系数大，且燃烧速度快。

表 3—8　　常见建筑材料燃烧发烟速度

材料名称	发烟速度/m³/s · g					
	300℃	350℃	400℃	450℃	500℃	550℃
杉木	0.61	0.72	0.71	0.53	0.13	0.13
普通胶合板	0.93	1.08	1.10	1.07	0.31	0.24
难燃胶合板	0.56	0.61	1.58	0.59	0.22	0.20
硬质纤维板	0.76	1.22	1.19	0.19	0.28	0.27
锯木屑板	0.63	0.76	0.85	0.19	0.15	0.12
玻璃纤维增强塑板	—	—	0.50	1.0	3.0	0.5
聚氯乙烯	—	—	0.10	4.5	7.5	9.7

续表

材料名称	发烟速度/m³/s·g					
	300℃	350℃	400℃	450℃	500℃	550℃
聚苯乙烯	—	—	1.0	4.95	—	2.97
聚氨酯	—	—	5.0	11.5	15.0	16.5

在现代建筑中，由于大量使用高分子聚合物，如：各种塑料家具用品、保温材料、电缆绝缘材料等，一旦发生火灾，高分子聚合物不仅燃烧速度迅速，还会产生大量有毒的浓烟，其危害程度也远远超过一般可燃材料。

3. 烟气的流动速度

当发生火灾时，烟气水平方向流动速度为 0.8 m/s 左右，垂直方向扩散速度为 3~4 m/s，即当烟气流动无阻挡时，如果建筑布局适合烟气流动的话，只需 1 分钟左右就可以扩散到几十层高的大楼。火灾烟气流动速度见表 3—9。

表 3—9　　烟气流动速度

流动类型	事件或位置	流动速度/（m/s）
水平流动	火灾初期阴燃阶段	0.1
	火灾初期起火阶段	0.3
	火灾中期及旺盛阶段	0.5~0.8
垂直流动	在楼梯间内	3~4
	在高层楼梯间内或竖井内	最大可达 6~8

4. 烟气的压力与比重

在火灾发生、发展、熄灭的不同阶段中，火灾烟气压力各不相同：火灾发生阶段烟气压力很低；随着着火房间烟气量的增加，温度的上升，压力相应地升高；当发生火灾爆燃时，烟气压力在瞬间达到峰值，甚至震破门窗玻璃；当烟气和火焰一旦冲出门窗孔洞之后，室内烟气的压力就会很快降低下来，接近室外大气压力。

据测定，一般着火房间内烟气的平均相对压力为 10~15 Pa，在短时可能达到的峰值为 35~40 Pa。可以说，烟气的流动动力来自烟气的压力。

烟气组成与空气不同，严格地说，在相同温度和压力下，不同火灾条件下生成的烟气比重是不同的。由于燃烧所产生的烟气中有各种混合气体存在，多数烟气混合气体的比重要比空气轻，由于烟气浮力作用，烟气通常会先向上蔓延，这时若采取低位方式逃生（在烟气层以下）就可以避免烟气的直接危害。

二、火灾烟气的危害

1. 烟气的缺氧作用

在着火区域的空气中充满了大量的烟气，烟气会降低空气中的氧气浓度，影响人的正常呼吸，甚至丧失逃生能力，由此造成人体的缺氧致死。

2. 烟气的毒害作用

在着火区域的空气中充满了大量的有毒气体，如一氧化碳、二氧化碳、氰化氢等，可以直接造成人员伤害，甚至致人死亡。

3. 烟气的减光作用

烟气的减光作用是指火灾烟气中的烟粒子对可见光的遮挡作用，用减光系数（C。单位 m^{-1}）表示，减光系数与能见距离 D（能见距离，即能见度是指人视力所能达到的范围，又称视程）之积为常数 C。例如：疏散指示反光标志 C。$=2\sim4\ m^{-1}$；疏散指示灯光标志C。$=5\sim10\ m^{-1}$。

火灾时，人员密度会影响疏散速度，而能见度同样会影响疏散速度。着火时，烟气的光学浓度可达 $25\sim30\ m^{-1}$，而当烟气浓度达到 $0.5\ m^{-1}$其疏散速度就会变得困难。

在能见度极低的情况下，除了对人体生理上的影响，对人的心理上则产生恐惧和惊慌，精神上受到极大的冲击，当减光系数在 $0.1\ m^{-1}$时（研究表明：正常人的减光承受浓度为 $C=0.1\sim0.2\ m^{-1}$），就会出现不能自行疏散逃生，甚至失去理智而采取不顾一切地异常行动。人们在充满烟气的环境中往往辨不清方向，甚至严重影响人员的安全疏散和消防灭火以及救援行动。

4. 烟气的温度作用

据测试，在着火房间内，烟气温度可达 500~600℃，在地下建筑火灾中烟气温度可高达 800~1 000℃及以上。研究表明，当人体吸入大量热气时，会使血压急剧下降，毛细血管破坏，大量排汗，并因脱水而死亡。烟气温度对人体影响程度见表 3—10。

表 3—10　烟气温度对人体影响程度

烟气温度/℃	对人体影响程度
65	可短时间忍受
120	15 min 产生不可恢复损伤
170	1 min 产生不可恢复损伤

三、防烟分区

建筑防烟分区是指对需要进行防烟、排烟要求的建筑，可采用屋顶挡烟隔板，或从顶棚下突出不小于 500 mm 梁作为分隔（指设在屋顶内，能对烟和热气的横向流动造成障碍的垂直分隔体）。

根据《建筑设计防火规范》（GB 50016—2014）规定：每个防烟分区的面积，对于高层民用建筑和其他建筑（含地下建筑和人防工程），其建筑面积不宜大于 500 m^2；

防烟分区不应跨越防火分区。

对于重要和综合性高层建筑、超高层建筑，如设置专门避难间或避难层，则都应单独划分防烟分区，并设独立防排烟设施。

对于净高大于6 m和建筑面积较大的房间，如会议室、观众厅等，由于火灾短时间内，不会危及人生命安全的烟层高度和烟气浓度，可不划分防烟分区。

不设排烟设施房间（包括地下室）和走道，可不划分防烟分区。

走道和房间（包括地下室）按照规定均设置排烟设施时，可根据具体情况分设或合设排烟设施，并据此划分防烟分区。

当一座建筑的若干层需设排烟设施（其余各层按规定不设排烟设施），且采用垂直排烟道（竖井）排烟时，如增加投资不多，可以考虑扩大设置范围，也宜划分防烟分区。

四、防烟排烟设施

1. 挡烟垂壁

建筑挡烟垂壁是指用不燃材料制成，从顶棚下至不小于500 mm的固定或活动的挡烟设施，包括：防烟卷帘（垂帘）、活动式挡烟板和固定式挡烟板等。

（1）防烟卷帘（垂帘）要求

防烟卷帘（垂帘）要求气密性好，在压差20 Pa时，每平方米的漏气量小于0.2 m^3/min。防烟卷帘宽度一般不超过5 m，与感烟探测器联动，可与自动喷水装置组合，以提高耐热性能，设在走道阻火时，其落下高度应距地面1.8 m以上。防烟卷帘如图3—26所示。

（2）活动式挡烟板要求

对于顶棚高度较低，或由于吊顶装饰效果，可设置活动挡烟板，一般活动挡烟板应设在吊顶上或吊顶内，可与火灾报警探测器联动，也可设手动操作。但降下后，挡烟板下端与地面高度应在1.8 m以上。

（3）固定式挡烟板要求

固定式挡烟板要求从顶棚下突出不小于0.5 m，固定在墙上和不燃烧的屋顶上。

（4）挡烟梁要求

利用建筑物突出顶棚面的梁，可兼作挡烟梁用，一般要求挡烟梁应突出顶棚面大于0.5 m，这样对阻挡烟气蔓延才会有一定的效果，并可形成防烟分区。

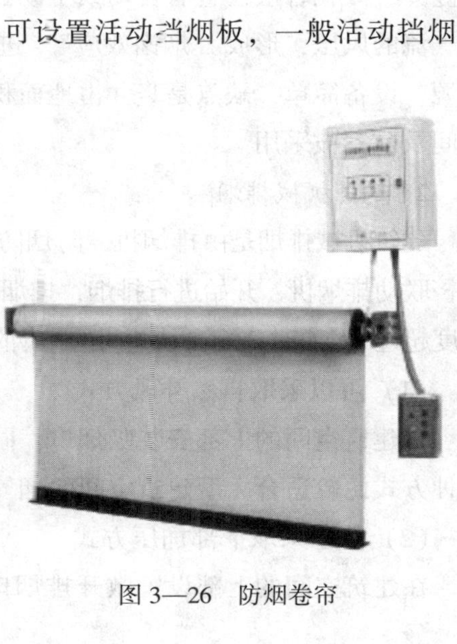

图3—26 防烟卷帘

2. 防烟阀

防烟阀是借助感烟（温）器能自动关闭以阻断烟气通过的阀门。建筑机械排烟由排烟机、防烟防火阀、排烟管道、排烟口组成。在火灾时，火灾报警联动排烟机，开始进行排烟，排烟风机应保证在280℃时能连续工作30 min。当烟气温度超过280℃时，排烟防火阀能自动关闭。

五、防烟排烟方式

1. 建筑自然排烟

自然排烟是利用火灾时产生的热烟气流的浮力和外部风力作用，通过建筑物的对外开口把烟气直接送至室外的排烟方式。这种排烟方式实质上是热烟气与室外冷空气的对流运动，其动力是因火灾时产生的热量使室内温度升高所造成的热压以及室外空气流动产生的风压。在自然排烟设计中，必须有冷空气的进口和热烟气的排烟口，排烟口可以是建筑物的外墙，也可以是专门设置在侧墙上部或屋顶上的排烟口。

自然排烟的优点是：构造简单，经济、实用，不需要专门的排烟设备及动力设施；运行维修费低廉；排烟口可以兼作平时通风换气使用。尤其对于顶棚高大的房间（中庭），若在顶棚开设排烟口，自然排烟效果更好。

自然排烟的缺点是排烟效果受室外气温、风向、风速的影响，特别是排烟口设置在上风向时，不仅排烟效果大大降低，还可能出现烟气倒灌现象，并使烟气扩散蔓延到未着火区域。这种排烟方式适合房间、走道、前室和楼梯间等。

还有一种竖井排烟也属自然排烟方式，即在高层建筑的适中位置，设置专门的排烟竖井，并在各层设置有自动或手动控制的排烟口，依靠火灾时室内产生的热压和室外气流的风压，形成“烟囱效应”，进行自然排烟。这种排烟方式的优点是不用耗费能源，设备简单，缺点是竖井占地面积大。这种防排烟方式在国外一些高层建筑的楼梯间及前室被采用。

2. 建筑机械排烟

建筑机械排烟是由排烟机、防烟防火阀、排烟管道、排烟口组成。在火灾时，火灾报警联动排烟机，开始进行排烟，排烟风机应保证在280℃时能连续工作30 min。当烟气温度超过280℃时，能自动关闭的排烟防火阀。建筑机械排烟系统主要有以下方式：

（1）可以采取自然补风方式

在建筑空间的上部安装吸烟口，同时利用排风机机械排烟，有效排除建筑内烟气，这种方式比较适合大型建筑空间的烟气控制。

（2）可以采取下部加压方式

在建筑空间的上部设置敞开排烟口，并在下部供气，提高内压，将烟气排除，这种方式多用于性质重要、对防排烟设计严格的高层建筑或大型建筑空间的烟气控制。

3. 建筑机械防烟（加压送风）

建筑机械正压防烟是指通过机械加压送风，使被保护区保持正压而阻止烟气侵入。

机械加压送风机可采用轴流风机或中、低压离心风机，风机位置应根据供电条件，风量分配均衡，新风入口不受火、烟威胁等因素确定。

建筑机械防烟可设在走道、防烟楼梯间及其前室（电梯前室、楼梯前室、防烟前室）等，但控制区域受到一定限度，不适合过大面积使用。这种方式广泛用于建筑疏散楼梯间及前室。

4. 建筑密闭防烟

建筑密闭防烟是指利用房间的封闭性，使着火房间因缺乏氧气而达到灭火的目的。这种防烟方式一般适用于面积较小，且其墙体、楼板耐火性能好、密封性好的房间，火灾时人员可以快速疏散完毕，并能立即用防火门将着火房间封闭起来的场所，如住宅、旅馆、集体宿舍等。

5. 材料不燃化防烟

即在建筑设计中，尽可能采用不燃化的室内装修材料、家具、各种管道及其保温绝热材料，特别是综合性大型建筑、特殊功能建筑、无窗建筑、地下建筑以及使用明火场所（如厨房等）。

不燃烧材料因具有不燃烧、不炭化、不发烟等特性，这种方式是从根本上解决防烟问题的方法，在不燃化设计的建筑内，即使发生起火，因其材料不燃，产生烟气量大大减少，烟气浓度大大减低。

在上述的几种防排烟方式中，宜优先采用自然排烟方式：对于性质重要、功能复杂的高层建筑、超高层建筑及无条件自然排烟的其他建筑应采用机械排烟方式；对于房间较小应采用机械加压防烟方式。应该指出的是，建筑防烟与排烟是两种不同的方式，在同一个建筑（房间内）不能同时采用两种不同的防排烟方式。

第五节　气体灭火系统

一、气体灭火系统的分类

1. 按灭火剂品种分类

(1) 卤代烃类（化学灭火剂）气体灭火系统

属于卤代烃类（化学灭火剂）气体灭火系统的有：七氟丙烷灭火系统（HFC—

227ea)；三氟甲烷灭火系统（HFC—23）；六氟丙烷灭火系统（HFC—236fa）等。

（2）卤代烷类（化学灭火剂）气体灭火系统

属于卤代烷类（化学灭火剂）气体灭火系统有：二氟一氯一溴甲烷（简称“1211”）灭火系统；三氟一溴甲烷（简称“1301”）灭火系统等。因为卤代烷灭火剂对大气层臭氧造成破坏，我国已停止生产1211、1301灭火剂和以此为灭火剂的灭火系统。

（3）纯天然气体类灭火系统

属于纯天然气体类灭火系统有：IG—541（N_2、Ar、CO_2 混合气体）灭火系统；IG—100（N_2）灭火系统；IG—55（N_2、Ar混合气体）灭火系统；IG—01（Ar）灭火系统；二氧化碳（CO_2）灭火系统（传统灭火技术）等。

2. 按气体灭火剂输送压力的来源及形式分类

（1）内储压式气体灭火系统

此类灭火系统的灭火剂在瓶组内用驱动气体（一般为 N_2）进行加压储存，系统动作时灭火剂靠瓶内的充压气体进行输送，如常见的七氟丙烷灭火系统、六氟丙烷灭火系统、卤代烷1211灭火系统、卤代烷1301灭火系统。

（2）外贮压式气体灭火系统

此类灭火系统动作时灭火剂由专设的充压气体（一般为 N_2）瓶组按设计压力对其进行充压的系统，如外储压式七氟丙烷灭火系统（原曾称为备压式七氟丙烷灭火系统）。

（3）自压式气体灭火系统

此类灭火系统的灭火剂无须充压而是依靠其自身饱和蒸汽压力进行输送，如三氟甲烷灭火系统，IG—541灭火系统、IG-100灭火系统、IG—55灭火系统、IG—01灭火系统、二氧化碳灭火系统等。

3. 按灭火剂储存压力分类

（1）高压系统

高压系统的气体灭火剂储存压力为15 MPa、20 MPa，如IG—541、IG—100、IG—55、IG—01灭火系统等。

（2）中低压系统

中低压系统的气体灭火剂储存压力为2.1 MPa（低压 CO_2）、2.5 MPa、4.2 MPa、5.6 MPa、5.7 MPa（高压 CO_2），如七氟丙烷、三氟甲烷、六氟丙烷、1211、1301、二氧化碳灭火系统等。

因为高压二氧化碳灭火系统是指灭火剂在常温下加压液化储存（20℃时储存压力为5.7 MPa），低压二氧化碳灭火系统是指灭火剂在－20～－18℃低温下液态储存（－18℃时储存压力为2.1 MPa），所以它们二者均属于中低压气体灭火系统范围。

4. 按保护范围分类

（1）全淹没灭火系统

全淹没灭火系统的气体灭火剂在规定喷放时间内使整个防护区密闭空间达到设计灭火浓度。除二氧化碳以外的其他各类气体灭火剂均只适用于此系统。

（2）局部应用灭火系统

局部应用灭火系统的灭火剂以设计喷射率向具体保护对象喷放，并持续一定时间。二氧化碳是唯一可用于全淹没灭火系统也可用于局部应用灭火系统的气体灭火剂。

5. 按有无灭火剂输送管网分类

（1）有管网灭火系统

灭火剂从储存装置需经由管网（干管及支管）输送至喷放组件（喷嘴）才能实施喷放的气体灭火系统称为有管网灭火系统。其中一套灭火剂储存装置只保护一个防护区或保护对象的灭火系统为单元独立系统；而用一套灭火剂储存装置保护两个及两个以上（≤8个）防护区或保护对象的灭火系统为组合分配系统。

（2）（无管网）预制灭火系统

按一定的应用条件，将灭火剂储存装置和喷放组件等预先设计、组装成套且具有联动控制功能的灭火系统称为（无管网）预制灭火系统，如七氟丙烷预制灭火系统、高压二氧化碳预制灭火系统、三氟甲烷预制灭火系统、六氟丙烷预制灭火系统等。

二、气体灭火系统的组件

气体灭火系统由灭火剂储存装置、启动分配装置、输送释放装置、监控装置等组成，如图3—27所示。

1. 灭火剂储存装置

灭火剂储存装置包括灭火剂储存容器、容器阀、单向阀、汇集管、连接软管及支架等，通常是将其组合在一起，放置在靠近防护区的专用储瓶间内。

（1）灭火剂储存容器长期处于充压工作状态，它是气体灭火系统的主要组件之一，对系统能否正常工作影响很大。

（2）容器阀是指安装在灭火剂储存容器出口的控制阀门，其作用是平时用来封存灭火剂，火灾时自动或手动开启释放灭火剂。

（3）汇集管在系统中担负的任务是将若干储瓶同时开启施放出的灭火剂汇集起来，然后通过分配管道输送至保护空间。

（4）单向阀是用来控制介质流向的。启动气体管路中根据需要设置必要的单向阀，用以控制气体放出的高压气体来开启相应的阀门。

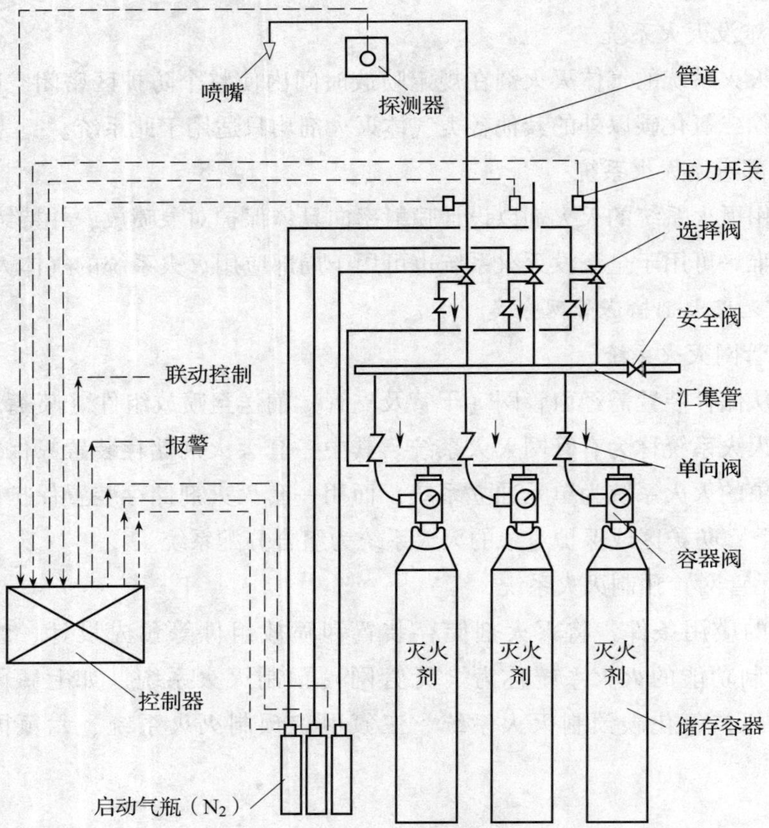

图 3—27　气体灭火系统的组成

（5）连接软管是为了便于储存容器的安装与维护，减缓施放灭火剂时对管网系统的冲击力，一般在单向阀与容器阀或单向阀与汇集管之间采用软管连接。

2. *启动分配装置*

启动分配装置由启动气瓶、选择阀、启动气体管道三部分组成。

（1）启动气瓶充有高压氮气，用以打开灭火剂储存容器上的容器阀及相应的选择阀。组合分配系统和灭火剂储存容器较多的单元独立系统，多采用这种气瓶启动系统。

（2）组合分配系统中，应设置与每个防护区相对应的选择阀，以使在系统启动时，能够将灭火剂输送到需要灭火的防护区。选择阀的功能相当于一个常闭的二位二通阀，平时处于关闭状态，系统启动时，与需要施放灭火剂的那个防护区相对应的选择阀则被打开。

（3）输送启动气体管路多采用铜管，系统所选用的铜管应符合有关国家现行标准中对“拉制铜管”和“挤制铜管”的规定。

3. 喷嘴

喷嘴的作用是保证灭火剂以特定的射流形式喷出，促使灭火剂迅速气化，并在保护空间内达到灭火浓度。喷嘴按需要分为全淹没二氧化碳灭火系统喷嘴、局部应用二氧化碳灭火系统喷嘴、卤代烷灭火系统喷嘴等。

喷嘴性能要求如下：

（1）喷嘴应能承受一定的压力，试验后喷嘴不得有变形、裂纹及其他损坏。

（2）在使用状态下，应能承受高温和冷击，按标准规定的实验方法进行试验后，喷嘴不得发生变形、裂纹和破裂。

（3）喷嘴应能承受控制、操作、运输和安装的冲击。

（4）喷嘴应具有一点的耐腐蚀性能。

（5）喷嘴孔的横截面积不能小于规定值。

（6）喷嘴应有表示其型号规格的永久性标志。

4. 管道

对于有管网气体灭火系统，管道是将储存容器释放出的灭火剂输送到保护场所，经喷嘴喷出实施灭火。由于气体灭火系统工作压力较高，因此，输送灭火剂的管道及其连接件应能承受较高的压力。鉴于气体灭火系统的特点，系统的管网一般不是很大，但对管道材料、施工安装要求较高。

（1）管道类型分为无缝管与加厚管。

（2）管道承受最大压力

1）二氧化碳灭火系统输送灭火剂管道应能承受最高环境稳定下的储存压力，一般为15 MPa。

2）IG541 灭火系统一级充压储瓶为 15 MPa，二级充压储瓶为 20 MPa。

3）卤代烷灭火系统管道压力较二氧化碳管道低，要求能够承受温度为 50℃ 环境下的储存压力：储存压力为 2.5 MPa 时，最大承受压力约为 4.0 MPa；储存压力为 4.2 MPa 时，最大承受压力约为 6.0 MPa。

（3）管道连接件

气体灭火系统管道常用的连接件与水系统相同，有弯头、三通、接头等，应根据与其连接的管道材料和壁厚等因素来进行选择。

5. 其他装置

（1）监控装置

防护区应有火灾自动报警系统，通过其探测火灾并监控其他灭火系统的启动，实现气体灭火系统的自动启动、自动监控。

（2）称重装置

气体灭火系统在定期检查时，需要检查储存容器的压力和质量，以确定充压气体和灭火剂是否有泄漏。压力可通过压力表检查，质量需要通过称重来检查。

（3）储瓶间

气体灭火系统应有专用的储瓶间放置系统设备，以便于系统的维护管理。储瓶间应靠近防护区，房间的耐火等级不应低于二级，房间出口应直接通向室外或疏散走道。

三、气体灭火系统的工作原理

气体灭火系统的防护区一旦发生火灾，首先火灾探测器报警，消防控制中心接到火灾信号后，启动联动装置（关闭开口、停止空调等），延时约 30 s 后，打开启动气瓶的瓶头阀，利用气瓶中的高压氮气将灭火剂储存容器上的容器阀打开，灭火剂经管道输送到喷头喷出实施灭火。此间的延时是考虑防护区内人员的疏散。另外，通过压力开关监测系统是否正常工作，若启动指令发出，而压力开关的信号迟迟不返回，说明系统故障。值班人员听到事故报警，应尽快到储瓶间，手动开启储存容器上的容器阀，实施人工启动灭火。气体灭火系统灭火过程框图如图 3—28 所示。

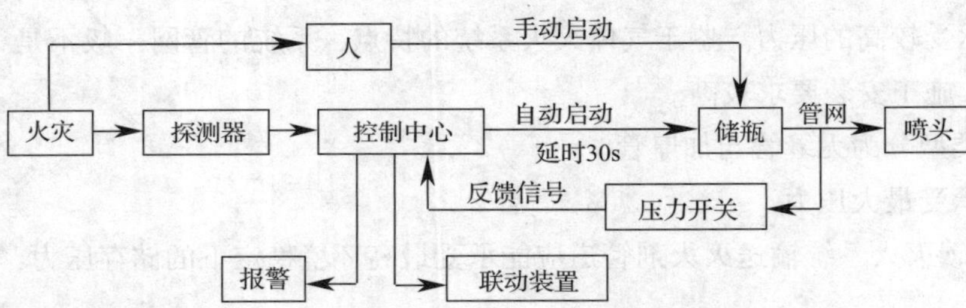

图 3—28　气体灭火系统灭火过程框图

四、气体灭火系统的灭火方式

根据气体灭火系统的灭火方式，可将气体灭火系统分为：全淹没灭火系统、半淹没灭火系统。

全淹没灭火系统是指封闭在一定空间内，所采用的二氧化碳等灭火剂灭火时能使所封闭的空间全部淹没的灭火系统。该系统是由灭火剂储存装置、灭火控制盘、驱动装置、管网、火灾探测器、联动控制器、喷嘴、延时启动装置、指示装置、手动按钮等组成。

半淹没灭火系统顾名思义，是指在封闭或非封闭空间内，采用二氧化碳等气体灭火剂直接针对火源灭火，以达到燃烧熄灭为止，多用于初起火灾。该系统组成一般与全淹没灭火系统相同。

第六节　消防联动控制系统

一、消防控制室（中心）

消防控制室是火灾自动报警系统的控制中心，也是灭火指挥中心和信息管理中心，具有十分重要的地位和作用。消防控制室最重要的设施是通用控制器（控制中心），通用控制器（控制中心）是由设置在消防控制室的集中报警控制器、区域报警控制器、火灾探测器和消防联动控制设备等组成，如图 3—29 所示。

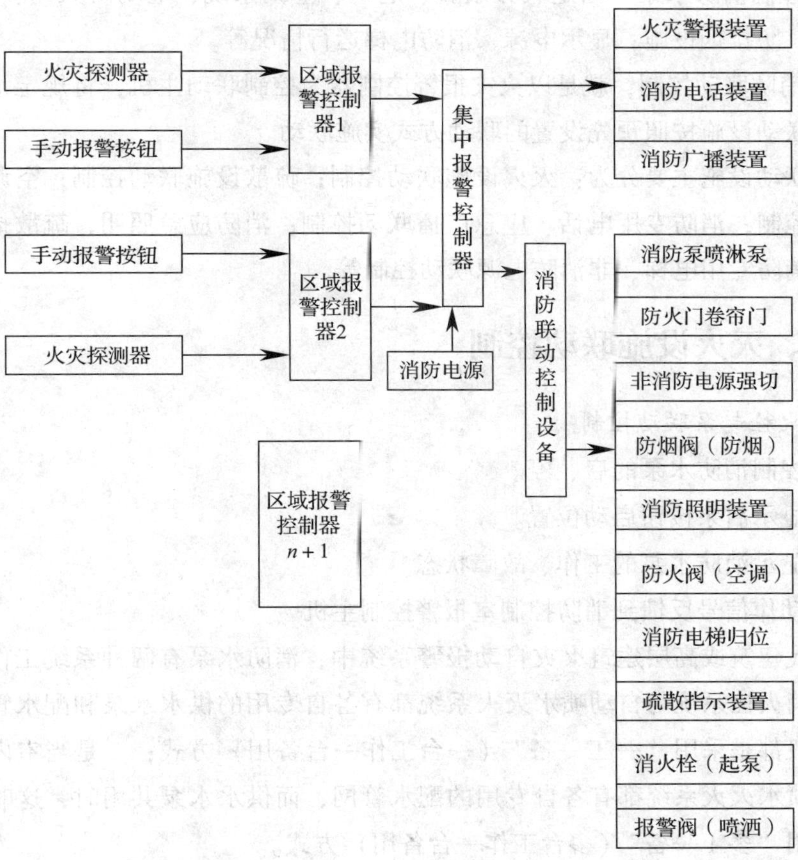

图 3—29　通用（控制中心）控制器组成

1. 消防控制室设置要求

对消防控制室设置的基本要求如下：

（1）独立设置的消防控制室其建筑耐火等级不低于二级。

（2）室内门为防火门，其方向应向疏散方向开启，入口处应有明显标志。

（3）通入消防控制室的通风（空调）管道应设防火阀。

（4）无关的电气线路及管路严禁穿越消防控制室。

（5）消防控制室周围不应布置有电磁场干扰的设备用房。

（6）室内应设置应急照明灯。

（7）室内应设置外线直拨电话。

2. 消防联动控制功能

（1）消防控制室应能接受火灾报警，发出火灾声光信号，事故广播及安全疏散指令等。

（2）控制消防水泵、固定灭火装置、通风、空调系统、电动防火门、防火卷帘、防火阀门、防排烟设施；显示电源、消防电梯运行情况等。

（3）消防联动控制，就是以火灾报警控制器为控制联动主机，将规定消防联动的各个消防联动设施按照预先设置的联动方式实施联动。

消防联动设施主要分为：灭火设施联动控制；疏散设施联动控制；空调通风排烟设施联动控制；消防专用电话、应急广播联动控制；消防应急照明、疏散指示标志联动控制；消防专用电梯、非消防电源联动控制等。

二、灭火设施联动控制

1. 消火栓起泵联动控制

（1）控制消防水泵的启、停。

（2）显示启泵按钮启动位置。

（3）显示消防水泵的工作、故障状态。

（4）动作信号反馈到消防控制室报警控制主机。

在现代建筑或高层建筑火灾自动报警系统中，消防水泵有两种系统工作方式：一是当室内消火栓系统与自动喷水灭火系统都有各自专用的供水水泵和配水管网时，消防水泵一般都是采用“一工一备”（一台工作一台备用）方式；二是当室内消火栓系统和自动喷水灭火系统都有各自专用的配水管网，而供水水泵共用时，这时消防水泵一般时采用“多工一备”（多台工作一台备用）方式。

2. 自动喷水灭火设施联动控制

（1）控制系统的启、停。

（2）显示报警阀、闸阀及水流指示器的工作状态。

（3）显示消防水泵的工作、故障状态。

（4）动作信号反馈到消防控制室报警控制主机。

在现代建筑或高层建筑中，自动喷水灭火系统所用的喷淋泵组一般为 2~3 台泵。

三、分隔设施联动控制

防火门和防火卷帘都是防火分隔物，有隔火、阻火、防止火势蔓延的作用。

1. 防火门联动控制

（1）电动防火门平时处于常开状态，火灾报警后，电动防火门任一侧火灾探测器动作，防火门可自动关闭；动作信号反馈到消防控制室报警控制主机。

（2）机械防火门靠闭门器控制，双门装有顺门器控制关门的前后顺序，使门按顺序关严。

2. 防火卷帘设施联动控制

（1）防火卷帘平时处于常开状态。

（2）火灾报警后，防火卷帘自动关闭；动作信号反馈到消防控制室报警控制主机。

（3）设置在疏散通道上的防火卷帘，在感烟探测器动作后，卷帘下降距地面 1.8 m，在感温探测器动作后，卷帘下降到底；卷帘两侧设有手动升降控制按钮。

（4）设置在防火分隔上的防火卷帘，在火灾探测器动作后，卷帘直接下降到底。

四、通风排烟设施联动控制

1. 通风设施联动控制

（1）通风机、电动防火阀平时处于开启状态。

（2）火灾报警后，停止有关部位的风机送风和关闭电动防火阀（防火阀设有手动控制装置）。

（3）动作信号反馈到消防控制室报警控制主机。

2. 防排烟设施联动控制

（1）防烟、排烟风机（包括正压送风机）和排烟阀平时处于关闭状态。

（2）火灾报警后，动作温度达到 70℃时，启动有关部位的防烟、排烟风机（包括正压送风机）和排烟阀；温度达到或超过 280℃时（排烟风机可持续工作 30 min），排烟阀自动关闭。

（3）动作信号反馈到消防控制室报警控制主机。

（4）可控制挡烟垂壁等防烟设施。

防排烟设备主要包括正压送风机、排烟风机、送风阀及排烟阀，以及防火卷帘门、防火门等。

五、消防专用电话、 应急广播联动控制

1. 消防专用分机电话联动控制

（1）消防插孔电话可直接插接消防控制室。

（2）消防固定电话直接与消防控制室通话。

消防专用电话是与普通电话分开的独立系统，一般采用集中式对讲电话，主机设在消防控制室，分机设在其他各个部位。

2. 消防应急广播联动控制

消防应急广播是火灾或意外事故时指挥现场人员进行疏散的设备。

（1）广播扬声器设置在走道和大厅等公共场所；扬声器之间的距离不超过 25 m；每个扬声器的额定功率不应小于 3 W（客房专用扬声器额定功率不应小于 1 W）；涉外单位应设置两种以上的消防应急广播播放语言。

（2）消防广播联动控制方式为：当二层及以上楼层发生火灾，先接通着火层及相邻的上、下层；当首层发生火灾，先接通本层、二层及地下各层；当地下室发生火灾，先接通地下各层及首层。

（3）在环境噪声大于 60 dB 的场所设置扬声器，其播放范围内最远点的播放声压级应高于背景噪声 15 dB。

（4）不论是在扩音广播或背景音乐状态下，还是在关闭或开启状态下，均可直接切换到消防应急广播线路上，播放消防应急广播。

（5）未设置消防应急广播的火灾自动报警系统，应设置火灾警报装置。每个防火分区至少应安装一个火灾警报装置。火灾警报装置设置在各层走道或靠近楼梯出口处。

六、消防疏散指示、 应急照明联动控制

疏散指示标志是以显眼的文字、鲜明的箭头标记指明疏散方向，引导疏散用的符号标记。

1. 疏散指示标志联动控制

（1）火灾报警后，发出控制信号，接通灯光消防疏散指示标志，接收反馈信号（独立备电疏散指示除外）。

（2）备电时间：应急照明采用蓄电作备用电源时，建筑连续供电时间不应低于 20 min，100 m 以上高层建筑不能低于 30 min。

（3）设置部位：影剧院、体育馆、多功能礼堂、医院病房等处。

（4）设置位置：疏散走道和疏散门，其高度设在疏散门顶部或疏散走道 1 m 以下墙面上，其间距不应大于 20 m。

（5）歌舞、娱乐、放映、游艺场所和地下商场内的疏散走道和主要疏散路线的地面或靠近地面的墙上应设置发光疏散指示标志。

2. 应急照明设施联动控制

在火灾发生时，无论事故停电还是人为切断电源的情况下，为了保证火灾扑救人员的正常工作和居民的安全疏散，防止疏散通道骤然变暗带来的不利影响，抑制人们心理上的恐慌，必须保持一定的点光源。据此而设置的照明总称为火灾应急照明。

（1）火灾报警后，发出控制信号，接通消防应急照明灯，接收反馈信号（独立备电应急照明除外）。

（2）照明照度：疏散用的应急照明最低照度不应低于 0. 5 lx（勒克斯），设置位置应设在位于出口的墙面或顶棚上。

（3）备电时间：应急照明采用蓄电作备用电源，建筑连续供电时间不应低于 20 min，100 m 以上高层建筑不能低于 30 min。

（4）设置部位：消防控制室、消防水泵房、防烟排烟机房、配电室、电话总机值班室和自动发电机房；封闭楼梯间、防烟楼梯间和疏散走道以及封闭楼梯间、防烟楼梯间前室，消防电梯前室等；观众厅（建筑面积不限）、展览厅（建筑面积超过 1 500 m^2）、营业厅（建筑面积超过 1 500 m^2）、演播厅（建筑面积超过 200 m^2）、地下室（建筑面积超过300 m^2）等。

七、电梯消防联动控制

电梯的消防联动，指的是火灾报警后，着火建筑所有电梯一律迫降到首层。电梯在首层设置的消防开关，与消防联动无关，分两种情况：一是未设置火灾自动报警的建筑，电梯迫降时，直接启动首层的消防开关；二是设了火灾自动报警系统的建筑，当其对电梯的迫降功能出现故障或失效时，可直接启动首层消防开关进行迫降。

八、非消防电源联动控制

非消防电源联动控制程序是：

（1）发出控制信号。

（2）切断有关部位的非消防电源，如照明、空调等。（注：消防电源必须为单独一路专门供电线路，不得安装漏电保护的设施，以免出现自行切断。）

（3）接收反馈信号。

复习思考题

1. 简述火灾自动报警系统的组成。
2. 自动喷水灭火系统分哪几类？
3. 末端试水由什么组成？作用是什么？
4. 简述防烟排烟设施包括哪些种类。
5. 简述气体灭火系统的组成。

技能实训二　火灾自动报警系统的集成

一、实训题目

探测器、手动报警及声光警报器与报警主机的连接和调试。

二、实训目的

(1) 区分感烟探测器、感温探测器、手动报警按钮、声光警报器。
(2) 学会看说明书。
(3) 会用编码器进行编码。
(4) 会在报警主机上进行简单编程。
(5) 练习加烟、加温实验。

三、实训流程

1. 工作准备
(1) 领取任务。
(2) 技术准备（读图纸）。
(3) 材料准备：主要器材；辅料。
(4) 工具准备。
(5) 作业条件准备。
2. 施工前检查
施工材料、工具，现场施工条件。
3. 施工程序
(1) 定位。
(2) 固定感烟探测器、感温探测器、手动报警按钮和声光警报器。
(3) 阅读说明书。
(4) 进行编码。
(5) 实现编程。

(6) 进行加烟、加温实验，测试系统能否正常工作。

4. 注意事项

(1) 施工完毕后对施工现场进行清理、打扫，并带走剩余施工材料。

(2) 清点施工工具，并放回原处。

(3) 妥善保管随机文件，设备安装完成后全部及时交送资料员。

5. 思考题

(1) 什么环境中不宜使用感烟探测器？

(2) 对于探测器报警和手动报警按钮报警，哪一个报警要求更可靠、更确切？为什么？

技能实训三　湿式喷水灭火系统喷淋实验

一、实训目的

通过实训，掌握湿式喷水灭火系统的组成及工作原理。

二、内容

(1) 识别自动喷水系统中的喷头。

(2) 识别各种自动喷水系统。

(3) 掌握末端试水装置组成及作用。

三、方法与步骤

(1) 逐个指出各类喷头进行识别。

(2) 会识别各种不同功能的自动喷水灭火系统：湿式喷水灭火系统、干式喷水灭火系统、雨淋式喷水灭火系统、预作用式喷水灭火系统。

(3) 指出湿式喷淋灭火系统中延时器、压力开关、水力警铃等设备并掌握它们的作用。

(4) 进行末端试水实验。

(5) 进行湿式喷淋系统的喷淋实验。

四、注意事项

(1) 喷淋实验的喷头要拧紧。

(2) 喷淋开关不要直接打到最大。

(3) 实验完毕后注意保持实训室卫生。

五、思考题

(1) 分别说出湿式喷淋灭火系统中延时器、压力开关、水力警铃的作用。

(2) 简述末端试水装置的组成及作用。

第四章
火灾预防管理

本章学习目标

1. 熟悉火灾隐患的含义、分级和火灾隐患的整改方法。
2. 熟悉常见的消防安全检查形式和内容。
3. 掌握如何在工作中进行日常火灾隐患排查和定期消防安全检查。
4. 掌握电气火灾的原因及预防管理措施。
5. 熟悉危险化学品的含义，掌握危险化学品的防火管理措施。

第一节　火灾隐患排查

一、火灾隐患的含义和分级

1. 火灾隐患的含义

火灾隐患有广义和狭义之分：广义来讲，是指在生产和生活活动中可能直接造成火灾危害的各种不安全因素；狭义来讲，是指违反消防安全法规或者不符合消防安全技术标准，增加了发生火灾的危险性，或者发生火灾时会增加对人的生命、财产的危害，或者在发生火灾时严重影响灭火救援行动的一切行为和情形。

火灾隐患通常包含以下三层含义：

（1）增加了发生火灾的危险性。例如违反规定生产、储存、运输、销售、使用和销毁易燃易爆危险品；违反规定用火、用电、用气，明火作业等。

（2）一旦发生火灾，会增加对人身、财产的危害。如建筑防火分隔、建筑结构防火、防烟排烟设施等随意改变，失去应有的作用；建筑物内部装修、装饰违反规定，使用易燃材料等；建筑物的安全出口、疏散通道堵塞，不能畅通无阻；消防设施、器材不完好有效等。

（3）一旦导致火灾会严重影响灭火救援行动。如缺少消防水源，消防通道堵塞，消火栓、水泵结合器、消防电梯等不能使用或者不能正常运行等。

2. 火灾隐患的分级

根据不安全因素引发火灾的可能性大小和可能造成的危害程度的不同，火灾隐患可分为一般火灾隐患和重大火灾隐患。

（1）一般火灾隐患

一般火灾隐患是指存在的不安全因素有引发火灾的可能，且发生火灾会造成一定的危害后果，但危害后果不严重。

（2）重大火灾隐患

重大火灾隐患是指违反消防法律法规，可能导致火灾发生或火灾危害增大，并由此可能造成特大火灾事故后果和严重社会影响的各类潜在不安全因素。

二、火灾隐患的确定

根据公安部《消防监督检查规定》（2009 公安部令第 107 号发布，2012 年《公安部关于修改〈消防监督检查规定〉的决定》，公安部令第 120 号发布。），具有下列情形之一的，可以直接确定为火灾隐患：

（1）影响人员安全疏散或者灭火救援行动，不能立即改正的。

（2）消防设施未保持完好有效，影响防火灭火功能的。

（3）擅自改变防火分区，容易导致火势蔓延、扩大的。

（4）在人员密集场所违反消防安全规定，使用、储存易燃易爆危险品，不能立即改正的。

（5）不符合城市消防安全布局要求，影响公共安全的。

（6）其他可能增加火灾实质危险性或者危害性的情形。

三、火灾隐患的整改方法

火灾隐患的整改，按隐患的危险、危害程度和整改的难易程度，可以分为立即改正和限期整改两种方法。

1. 火灾隐患立即改正

立即改正的方法，是指不立即改正随时就有发生火灾的危险，或对整改起来比较简单，不需要花费较多的时间、人力、物力、财力，对生产经营活动不产生较大影响的隐患等，存在隐患的单位、部位当场进行整改的方法。此类情况下，消防安全检查人员在安全检查时，应当责令立即改正，并在《消防安全检查记录》上记载。

需要立即改正的火灾隐患有：

(1) 违章进入生产、储存易燃易爆危险物品场所。

(2) 违章使用明火作业或者在具有火灾、爆炸危险的场所吸烟、使用明火等违反禁令的。

(3) 将安全出口上锁、遮挡或者占用、堆放物品影响疏散通道畅通的。

(4) 消火栓、灭火器材被遮挡影响使用或者被挪作他用的。

(5) 常闭式防火门处于开启状态，防火卷帘下堆放物品影响使用的。

(6) 消防设施管理、值班人员和防火巡查人员脱岗的。

(7) 违章关闭消防设施、切断消防电源的。

(8) 其他可以当场改正的行为。

2. 限期整改

限期整改是指对过程比较复杂，涉及面广，影响生产比较大，又要花费较多的时间、人力、物力、财力才能整改的隐患，而采取的一种限制在一定期限内进行整改的方法。限期整改一般情况下都应由隐患存在单位负责，成立专门组织，各类人员参加研究，并根据公安机关消防机构的《重大火灾隐患整改通知书》或《停产停业整改通知书》的要求，结合本单位的实际情况制定出一套切实可行并限定在一定时间或期限内整改完毕的方案，并将方案报请上级主管部门和当地公安机关消防机构批准。

在火灾隐患未消除之前，单位应当落实防范措施，保障消防安全。不能确保消防安全，随时可能引发火灾或者一旦发生火灾将严重危及人身安全的，应当将危险部位停产停业整改。

火灾隐患整改完毕，负责整改的部门或者人员应当将整改情况记录报送消防安全责任人或者消防安全管理人签字确认后存档备查。

对于涉及城市规划布局而不能自身解决的重大火灾隐患，以及机关、团体、事业单位确无能力解决的重大火灾隐患，单位应当提出解决方案并及时向其上级主管部门或者当地人民政府报告。

第二节　消防安全检查

消防安全检查是指具有隶属关系的上级领导机关对下级单位或部门消防安全工作情况进行的专项检查。是为了督促查看所辖单位内部的消防工作情况和查寻验看消防工作中存在的问题而进行的一项消防安全管理活动，是实施消防安全管理的一项重要措施，也是控制重大火灾，减少火灾损失，维护社会安定秩序的一个重要手段。消防安全检查根据组织实施的单位，主要有政府组织的消防安全检查、消防监督机关组织的监督检查和单位自己组织的消防安全检查三种类型。

一、政府消防安全检查

政府消防安全检查是指地方各级人民政府对下一级人民政府和本级人民政府有关部门履行消防安全职责情况定期进行的专项检查。

1. 政府消防安全检查的组织形式

（1）政府领导挂帅，组织有关部门参加的对所属消防安全工作的考评检查。

（2）以政府名义组织，由消防监督机关牵头，政府有关部门参加的联合消防安全检查。

（3）以消防安全委员会的名义组织政府有关部门参加的消防安全检查。

2. 政府消防安全检查的内容

（1）消防监督管理职责。

（2）涉及消防安全的行政许可、审批职责。

（3）开展消防安全检查，督促主管的单位整改火灾隐患的职责。

（4）城乡消防规划、公共消防设施建设和管理职责。

（5）多种形式消防队伍建设职责。

（6）消防宣传教育职责。

（7）消防经费保障职责。

（8）其他依照法律、法规应当落实的消防安全管理职责。

3. 政府消防安全检查的要求

（1）地方各级人民政府对有关部门履行消防安全管理职责的情况检查后，应当及时予以通报。对不依法履行消防安全管理职责的部门，应当责令限期改正。

（2）县级以上地方人民政府的国资委、教育、民政、铁路、交通运输、农业、文化、卫生、广播电视、体育、旅游、文物、人防等部门和单位，应当建立健全监督制度，根据本行业、本系统的特点，有针对性地开展消防安全检查，及时督促整改火灾隐患。

（3）对于公安机关消防机构检查发现的火灾隐患，政府各有关部门应当采取措施，督促有关单位整改。

（4）县级以上人民政府对公安机关依据《消防法》第七十条第五款报请的对经济和社会生活影响较大的涉及供水、供热、供气、供电的重要企业、重点基建工程、交通、通信、广电枢纽、大型商场等重要场所，以及其他对经济建设和社会生活构成重大影响事项的责令停产停业、停止使用、停止施工处罚的请示，应当在10个工作日内做出明确批复，并组织公安机关等有关部门实施。

（5）对各级人民政府有关部门的工作人员不履行消防工作职责，对涉及消防安全的事项未按照法律、法规规定实施审批、监督检查的，或者对重大火灾隐患督促整改不力的尚不构成犯罪的依法给予处分。

二、公安机关消防机构的消防监督检查

1. 公安机关消防机构消防监督检查的分类

根据《消防法》的规定，公安机关消防机构所实施的监督检查，按照检查的对象和性质，通常有以下 6 种：

（1）对公众聚集场所在使用或者营业前的消防安全检查。

（2）对单位履行法定消防安全管理职责情况的监督抽查。

（3）对举报投诉的消防安全违法行为的核查。

（4）对大型群众性活动进行的监督检查。

（5）对大型人员密集场所和特殊建设工程建设工地的监督检查。

（6）根据需要进行的其他消防监督检查。

2. 公安机关消防机构消防监督检查的内容

公安机关消防机构消防监督检查的内容，根据检查对象和形式确定，具体如下：

（1）对单位履行法定消防安全管理职责情况监督抽查的内容

公安机关消防机构，应当结合单位履行消防安全管理职责情况的记录，每季度制定消防监督检查计划，对单位遵守消防法律、法规的情况，单位建筑物及其有关消防设施符合消防技术标准和管理规定的情况进行抽样检查。对单位履行法定消防安全管理职责情况的监督检查，应当针对单位的实际情况检查下列内容：

1）建筑物或者建设工程是否依法通过消防验收或者消防验收备案，人员聚集场所是否通过使用、营业前消防安全检查。

2）建筑物或者场所的使用情况是否符合消防验收或者备案时确定的使用性质。

3）单位消防安全管理制度以及灭火和应急疏散预案是否制定。

4）消防设施是否定期进行全面检测，消防设施、器材和消防安全标志是否定期组织检验、维修，是否完好有效。

5）电气线路、燃气管路是否定期维护保养、检测。

6）疏散通道、安全出口、消防车通道是否保持畅通，防火防烟分区是否改变，防火间距是否被占用。

7）是否定期组织防火检查，是否组织消防演练和员工消防安全教育培训，自动消防系统操作人员是否持证上岗。

8）易燃易爆危险品的生产、储存、销售场所是否与居住场所设置在同一建筑物内；其他物品的生产、储存、销售场所与居住场所设置在同一建筑物内的是否符合国

家工程建设消防技术标准。

9）人员密集场所的室内装修装饰材料是否符合消防安全技术标准。

10）其他依法需要检查的内容。

（2）对消防安全重点单位检查的内容

对消防安全重点单位履行法定消防安全管理职责情况的监督检查，除消防监督抽查的内容外，还应当检查下列内容：

1）消防安全管理人确定情况。

2）每日防火巡查实施情况。

3）定期组织消防安全培训和消防演练的情况。

（3）大型人员密集场所和特殊建设工地监督检查的内容

对大型人员密集场所和特殊建设工程的施工工地进行消防监督抽查，应当重点检查施工单位履行下列消防安全管理职责的情况：

1）消防安全制度、灭火和应急疏散预案是否制定。

2）电焊、气焊等使用明火作业的消防安全防护措施是否落实。

3）是否设置了与施工进度相适应的临时消防水源，安装消火栓并配备水带和水枪，消防器材是否配备齐全并完好有效。

4）是否设有施工人员的疏散通道和施工现场消防车通道；疏散通道、安全出口和施工现场消防车通道是否畅通。

5）是否组织消防演练；员工是否进行消防安全培训教育；人员密集场所灭火和应急疏散预案中承担灭火和组织疏散预案的人员是否确定。

6）员工集体宿舍是否与施工作业区分开设置；是否存在违章用火、用电、油、用气。

（4）大型群众性活动举办前活动现场消防安全检查的内容

1）室内活动使用的建筑物（场所）是否依法通过消防验收或者进行消防竣工验收备案，公众聚集场所是否通过使用、营业前的消防安全检查。

2）临时搭建的建筑物是否符合消防安全要求。

3）是否制定灭火和应急疏散预案并组织演练。

4）是否明确消防安全责任分工并确定消防安全管理人员。

5）活动现场消防设施、器材是否配备齐全并完好有效。

6）活动现场的疏散通道、安全出口和消防车通道是否畅通。

7）活动现场的疏散指示标志和应急照明是否符合消防技术标准并完好有效。

（5）错时监督抽查的内容

错时消防监督抽查是指公安机关消防机构针对特殊监督对象，把监督执法警力部署到火灾高发时段和高发部位，在正常工作时间以外时段开展的消防监督抽查。实施错时消防监督抽查，公安机关消防机构可以会同治安、教育、文化等部门联合开展，也可以邀请新闻媒体参加，但检查结果应当通过适当方式予以通报或向社会公布。公安机关消防机构夜间对营业的公众聚集场所进行消防监督抽查时，应当重点检查该单位履行下列消防安全管理职责的情况：

1）自动消防系统操作人员是否在岗在位，是否持证上岗。

2）消防设施是否正常运行，疏散指示标志和应急照明是否完好有效。

3）场所疏散通道和安全出口是否畅通。

4）防火巡查是否按照规定开展。

三、单位消防安全检查

单位消防安全检查是指单位内部结合自身情况，适时组织的督促、查看、了解本单位内部消防安全工作情况以及存在的问题和隐患的一项消防安全管理活动。

1. 单位消防安全检查的目的和形式

（1）消防安全检查的目的

单位通过消防安全检查，对本单位消防安全管理制度、安全操作规程的落实和遵守情况进行检查，以督促规章制度、措施的贯彻落实，这是单位自我管理、自我约束的一种重要手段，是及时发现和消除火灾隐患、预防火灾发生的重要措施。

（2）消防安全检查的形式

消防安全检查是一项长期的、经常性的工作，在组织形式上应采取经常性检查和定期性检查相结合、重点检查和普遍检查相结合的方式方法。具体检查形式主要有以下几种：

1）一般日常性检查。这种检查是按照岗位消防安全责任制的要求，以班组长、安全员、义务消防员为主对所处的岗位和环境的消防安全情况进行检查，通常以班前、班后和交接班时为检查的重点。

一般日常性检查能及时发现不安全因素，及时消除安全隐患，它是消防安全检查的重要形式之一。

2）防火巡查。消防人员对场所的日常防火巡查，是指应用最简单、最直接的方法，在管辖区内巡视、检查发现消防违章行为，劝阻、制止违反规章制度的人和事，妥善处理安全隐患并及时处置紧急事件的活动。防火巡查是单位保证消防安全的严格管理措施之一，这是消防安全重点单位常用的一种消防检查形式。

单位防火巡查的内容：用火、用电有无违章情况；安全出口、疏散通道是否畅通，安全疏散指示标志、应急照明是否完好；消防设施、器材和消防安全标志是否在位、完整；常闭式防火门是否处于关闭状态，防火卷帘下是否堆放物品影响使用；消防安全重点部位的人员在岗情况；其他消防安全情况。

单位防火巡查的要求：单位的防火巡查一般由当日消防值班人员负责；防火巡查部位一般是单位的重点部位，比如：配电室、厨房、员工宿舍、锅炉房、计算机房、消防中控室等；公共聚集场所在营业期间应每两小时巡查一次．其他单位可根据实际情况自行确定；防火巡查人员应当及时纠正违章行为，妥善处置火灾危险，无法当场处置的，应当立即报告；发现初起火灾应当及时扑救并立即报警；防火巡查时应当填写巡查记录，巡查人员及其主管人员应当在巡查记录上签字确认。

①火源的防火巡查。常见的火源有明火焰、高温物体、电火花、撞击与摩擦、光线照射与聚焦、绝热压缩（机械能变为热能）、化学反应放热。针对不同的火源需要制定不同的安全对策。

②安全疏散设施的巡查。疏散楼梯和楼梯间、疏散走道、安全出口的巡查要点：是否有可燃物、易燃物堆放堵塞；是否有障碍物堆放堵塞通道，影响疏散；安全出口是否被锁闭。

疏散指示标志与应急照明的巡查要点：疏散指示标志外观是否完好无损，是否被悬挂物遮挡；疏散指示标志指示方向是否正确无误；疏散指示标志指示灯照明是否正常，充电电池电量是否充足；应急照明灯具和线路是否完好无损；应急照明灯具是否处于正常工作状态。

③消防车通道的巡查。消防车通道的巡查要点：消防车道是否堆放物品、被锁闭、停放车辆等，影响畅通；是否有挖坑、刨沟等行为，影响消防车辆通行；消防车道上是否有搭建临时建筑等行为。

④防火分隔设施的巡查。常见的防火分隔设施有：防火墙、防火门、防火窗、防火卷帘、防火水幕带、防火阀等。其中防火门的巡查要点：防火门的门框、门扇、闭门器等部件是否完好无损，并具备良好的隔火隔烟作用；带闭门器的防火门是否能够自动关闭，电动防火门当电磁铁释放后能否按顺序顺畅关闭；防火门门前是否堆放物品影响开启。防火卷帘的巡查要点：防火卷帘下是否堆放杂物，影响降落；防火卷帘控制面板、门体是否完好无损；防火卷帘是否处于正常升起状态；防火卷帘所对应的烟感、温感探头是否完好无损。

3）定期防火检查。这种检查是按规定的频次进行，或者按照不同的季节特点，或者结合重大节日进行检查。这种检查通常由单位领导组织，或由有关职能部门组织，除了对所有部位进行检查外，还要对重点部门进行重点检查。

4）专项检查。根据单位实际情况以及当前主要任务和消防安全薄弱环节开展的检查，如用电检查、用火检查、疏散检查、消防设施检查、危险品储存与使用检查等，专项检查应有专业技术人员参加。

5）夜间检查。夜间检查是预防夜间发生大火的有效措施，检查主要依靠夜间值班干部、警卫和专、兼职消防安全管理人员，重点是检查火源、电源以及其他异常情况，及时堵塞漏洞，消除隐患。

6）其他形式的检查。根据需要进行的其他形式检查，如重大活动前的检查、季节性检查等。

2. 单位防火检查的频次、要求及内容

（1）单位防火查检的频次及要求

机关、团体、事业单位应当至少每季度进行一次防火检查，其他单位应当至少每月进行一次防火检查。

防火检查应当填写检查记录，检查人员和被检查部门负责人应当在检查记录上签字确认。

（2）单位防火检查的内容

1）火灾隐患的整改情况以及防范措施的落实情况。

2）安全疏散通道、疏散指示标志、应急照明和安全出口情况。

3）消防车通道、消防水源情况。

4）灭火器材配置及有效情况。

5）用火、用电有无违章情况。

6）重点工种人员以及其他员工消防知识的掌握情况。

7）消防安全重点部位的管理情况。

8）易燃易爆危险物品和场所防火防爆措施的落实情况以及其他重要物资的防火安全情况。

9）消防（控制室）值班情况和设施运行、记录情况。

10）消防安全标志的调协情况和完好、有效情况及其他需要检查的内容。

3. 单位消防安全检查的方法

单位消防安全检查的方法是指单位为达到实施消防安全检查的目的所采取的技术措施和手段。消防安全检查手段直接影响检查的质量，单位消防安全管理人员在进行自身消防安全检查时应根据检查对象的情况，灵活运用以下各种手段，了解检查对象的消防安全管理情况。

（1）查阅消防档案

1）消防安全重点单位的消防档案应包括消防安全基本情况和消防安全管理情况。

2）制定的消防安全管理制度和操作规程是否符合相关法规和技术规程。

3）灭火和应急救援预案是否可靠。

4）查阅公安机关消防机构填发的各种法律文书，尤其要注意责令改正或重大火灾隐患限期整改的相关内容是否得到落实。

（2）询问员工

1）询问各部门、各岗位的消防安全管理人，了解其实施和组织落实消防安全管理工作的概况以及对消防安全管理工作的熟悉程度。

2）询问消防安全重点部位的人员，了解单位对其培训的概况。

3）询问消防控制室的值班、操作人员，了解其是否具备岗位资格。

4）公众聚集场所应随机抽询数名员工，了解其组织引导在场群众疏散的知识和技能以及报火警和扑救初起火灾的知识和技能。

（3）查看消防通道、防火间距、灭火器材、消防设施等情况

消防通道、消防设施、灭火器材、防火间距等是建筑物或场所消防安全的重要保障，国家的相关法律与技术规范对此都做了相应的规定。查看消防通道、消防设施、灭火器材、防火间距等，主要是通过眼看、耳听、手摸等方法，判断消防通道是否畅通，防火间距是否被占用，灭火器材是否配置得当并完好有效，消防设施各组件是否完整齐全无损、各组件阀门及开关等是否置于规定启闭状态，各种仪表显示位置是否处于正常允许范围等。

（4）测试消防设施

使用专用检测设备测试消防设施设备的工况，要求防火检查员应具备相应的专业技术基础知识，熟悉各类消防设施的组成和工作原理，掌握检查测试方法以及操作中应注意的事项。对一些常规消防设施的测试，利用专用检测设备对火灾报警器报警、消防电梯强制性停靠、室内外消火栓压力、消火栓远程启泵、压力开关和水力警铃、末端试水装置、防火卷帘启闭等项目进行测试。

第三节　消防安全教育

消防安全教育是把消防安全知识传授给公民，让公民认识火灾的危害，懂得预防火灾的基本措施、扑灭火灾的基本方法和火场逃生的基本技能，提高防火警惕性和同火灾作斗争的自觉性，以培养公民消防安全素养的一项教育工作，也是消防安全管理工作中一项重要的基础工作。消防安全教育包括消防安全宣传和消防安全教育培训。

一、消防安全宣传和消防安全教育培训的概念

消防安全宣传是利用一切可以影响人们消防意识形态的媒介，提高人们消防安全意识并进一步掌握各类消防常识为目的的社会行为。消防安全教育培训是一种有组织的消防知识传递、消防技能传递、消防标准传递、消防信息传递、消防理念传递和消防安全管理的训诫行为。两者既有联系，又有区别。消防安全宣传和消防安全教育培训的原则和目标相同，都是通过一定的形式和手段帮助人们提高消防安全意识，掌握

基本的消防常识，掌握基本的防灭火技能。两者的区别在于，消防安全宣传的对象是各种年龄层次的人民群众，在效果方面注重长期性，在内容上侧重于人民群众消防意识的提高和对基本消防常识的传播；消防安全教育培训的对象主要是特定的群体，在效果方面注重实效性，在内容上侧重于对消防技能的培训。

二、消防安全宣传和消防安全教育培训的要求

党中央、国务院高度重视消防安全宣传与教育培训工作。近年来，先后通过组织实施立法、联合颁布规定、出台指导意见等方式，督促各级政府、职能部门，特别是社会单位积极开展消防安全宣传与教育培训工作。《消防法》明确了政府、各职能部门和机关、团体、企业、事业单位的消防安全宣传与教育培训工作职责；《社会消防安全教育培训规定》（公安部令第 109 号），明确了各相关职能部门应当履行的消防安全管理职责，细化了各类单位教育培训的内容及要求，提出了落实教育培训的奖惩制约措施；《国务院关于加强和改进消防工作的意见》（国发〔2011〕46 号），就新形势下扎实做好消防安全宣传与教育培训工作提出了意见和要求。

三、消防安全宣传和消防安全教育培训的主要内容和形式

1. 消防安全宣传的主要内容和形式

针对不同的对象，消防安全宣传的内容和形式也有所不同。

（1）家庭、社区消防安全宣传的主要内容和形式

1）家庭成员应学习掌握安全用火、用电、用气、用油和火灾报警、初起火灾扑救、逃生自救常识，经常查找、消除家庭火灾隐患；教育未成年人不玩火；教育家庭成员自觉遵守消防安全管理规定，不圈占、埋压、损坏、挪用消防设施、器材，不占用消防车通道、防火间距，保持疏散通道畅通；提倡家庭制定应急疏散预案并进行演练。

2）社区居民委员会、住宅小区业主委员会应建立消防安全宣传教育制度，制定居民防火公约，重要防火时期、“119 消防日”活动期间组织居民参加消防科普教育活动和消防安全自查、互查及灭火、逃生演练；发动社区老年协会、物业管理公司职工、消防志愿者、义务消防队员参与消防安全宣传教育工作，与社区老弱病残、鳏寡孤居家庭结成帮扶对子，上门进行消防安全宣传教育，帮助查找消除火灾隐患，遇险情时帮助疏散逃生；为每栋住宅指定专兼职消防宣传员，绘制、张贴住宅楼疏散逃生示意图，开展楼内消防巡查，确保疏散通道畅通、防火门常闭、消防设施器材和标志标识完好。

3）社区居民委员会、住宅小区业主委员会应在社区、住宅小区因地制宜设置消防宣传牌（栏）、橱窗等，适时更新内容；小区楼宇电视、户外显示屏、广播等应经常

播放消防安全常识。

4）街道办事处、乡镇政府等应引导城镇居民家庭和有条件的农村家庭配备必要的报警、灭火、照明、逃生自救等消防器材，其他农村家庭应储备灭火用水、沙土，配备简易灭火器材，并掌握正确的使用方法。

5）街道办事处、乡镇政府等应将家庭消防安全宣传教育工作纳入“平安社区”“文明社区”“五好文明家庭”等创建、评定内容。

（2）乡村消防安全宣传的主要内容和形式

1）乡镇政府、村民委员会应制定完善消防安全宣传教育工作制度和村民防火公约，明确职责任务；指导村民建立健全自治联防制度，轮流进行消防安全提示和巡查，及时发现、消除火灾隐患。

2）在人员相对集中的场所建立固定消防安全宣传教育阵地，教育村民安全用火、用电、用油、用气，引导村民开展消防安全隐患自查、自改行动；教育村民掌握火灾报警、初起火灾扑救和逃生自救的方法。

3）农忙时节、火灾多发季节以及节庆、民俗活动期间，乡镇、村应集中开展有针对性的消防安全宣传活动。

4）乡镇政府应在农村集市、场镇等场所设置消防宣传栏（牌）、橱窗等，并及时更新内容；举办群众喜闻乐见的消防文艺演出；督促乡镇企业开展消防安全宣传工作。

5）乡镇、村应设专兼职消防宣传员，鼓励农村基干民兵、村镇干部和村民加入义务消防队、消防志愿者队伍，与弱势群体人员结成帮扶对子，上门宣传消防安全知识、查找隐患，遇险时协助逃生自救。

（3）人员密集场所消防安全宣传的主要内容和形式

1）人员密集场所应在安全出口、疏散通道和消防设施等位置设置消防安全提示；结合本场所情况，向顾客提示场所火灾危险性、疏散出口和路线、灭火和逃生设备器材位置及使用方法。

2）文化娱乐场所、商场市场、宾馆饭店以及大型活动现场应通过电子显示屏、广播或主持人提示等形式向顾客告知安全出口位置和消防安全注意事项。

3）公共交通工具的候车（机、船）场所、站台等应在醒目位置设置消防安全提示，宣传消防安全常识；电子显示屏、车（机、船）载视频和广播系统应经常播放消防安全知识。

（4）单位消防安全宣传的主要内容和形式

1）单位应建立本单位消防安全宣传教育制度，健全机构，落实人员，明确责任，定期组织开展消防安全宣传活动。

2）单位应制定灭火和应急疏散预案，张贴逃生疏散路线图。消防安全重点单位至少每半年、其他单位至少每年组织一次灭火、逃生疏散演练。

3）单位应设置消防宣传阵地，配备消防安全宣传教育资料，经常开展消防安全宣传教育活动；单位广播、闭路电视、电子屏幕、局域网等应经常宣传消防安全知识。

（5）学校消防安全宣传的主要内容和形式

1）学校应落实相关学科课程中消防安全教育内容，针对不同年龄段学生分类开展消防安全宣传；每学年组织师生开展疏散逃生演练、消防知识竞赛、消防趣味运动会等活动；有条件的学校应组织学生在校期间至少参观一次消防科普教育场馆。

2）学校应利用“全国中小学生安全教育日”“防灾减灾日”“科技活动周”“119消防日”等集中开展消防宣传活动。

3）小学、初级中学每学年应布置一次由学生与家长共同完成的消防安全家庭作业；普通高中、中等职业学校、高等学校应鼓励学生参加消防安全志愿服务活动，将学生参与消防安全活动纳入校外社会实践、志愿活动考核体系，每名学生在校期间参加消防安全志愿活动应不少于4小时。

4）校园电视、广播、网站、报刊、电子显示屏、板报等，应经常播、刊、发消防安全内容，每月不少于一次；有条件的学校应建立消防安全宣传教育场所，配置必要的消防设备、宣传资料。

5）学校教室、行政办公楼、宿舍及图书馆、实验室、餐厅、礼堂等，应在醒目位置设置疏散逃生标志等消防安全提示。

2. 消防安全教育培训的主要内容和形式

针对不同的群体，消防安全教育培训的内容和形式也有所不同。

（1）单位消防安全教育培训的主要内容和形式

单位应当根据本单位的特点，建立健全消防安全教育培训制度，明确机构和人员，保障教育培训工作经费，按照下列规定对职工进行消防安全教育培训：

1）对新上岗和进入新岗位的职工进行上岗前消防安全教育培训。

2）对在岗的职工每年至少进行一次消防安全教育培训。

3）消防安全重点单位每半年至少组织一次、其他单位每年至少组织一次灭火和应急疏散演练。

4）单位应定期开展全员消防安全教育培训，落实从业人员上岗前消防安全培训制度；组织全体从业人员参加灭火、疏散、逃生演练，到消防教育场馆参观体验，确保人人具备检查消除火灾隐患能力、扑救初起火灾能力、组织人员疏散逃生能力。

单位对职工的消防安全教育培训应当将本单位的火灾危险性、防火灭火措施、消防设施及灭火器材的操作使用方法、人员疏散逃生知识等作为培训的重点。

（2）学校消防安全教育培训的主要内容和形式

各级各类学校应当开展下列消防安全教育培训工作：

1）将消防安全知识纳入教学培训内容。

2）在开学初、放寒（暑）假前、学生军训期间，对学生普遍开展专题消防教育培训。

3）结合不同课程实验课的特点和要求，对学生进行有针对性的消防教育培训。

4）组织学生到当地消防站参观体验。

5）每学年至少组织学生开展一次应急疏散演练。

6）对寄宿学生开展经常性的安全用火用电教育培训和应急疏散演练。

7）各级各类学校应当至少确定一名熟悉消防安全知识的教师担任消防安全课教员，并选聘消防专业人员担任学校的兼职消防辅导员。

8）中小学校和学前教育机构应当针对不同年龄阶段学生认知特点，保证课时或者采取学科渗透、专题教育的方式，每学期对学生开展消防安全教育培训。

9）学前教育机构应当采取游戏、儿歌等寓教于乐的方式，对幼儿开展消防安全常识教育培训。

10）小学阶段应当重点开展火灾危险及危害性、消防安全标志标识、日常生活防火、火灾报警、火场自救逃生常识等方面的教育培训。

11）初中和高中阶段应当重点开展消防安全法律法规、防火灭火基本知识和灭火器材使用等方面的教育培训。

12）高等学校应当每学年至少举办一次消防安全专题讲座，在校园网络、广播、校内报刊等开设消防安全教育栏目，对学生进行消防安全法律法规、防火灭火知识、火灾自救他救知识和火灾案例教育培训。

13）有条件的普通高等学校和中等职业学校可以根据经济社会发展需要，设置消防类专业或者开设消防安全类课程，培养消防专业人才，并依法面向社会开展消防安全教育培训。

14）人民警察训练学校应当根据教育培训对象的特点，科学安排教育培训内容，开设消防安全基础理论和消防安全管理课程，并列入学生必修课程。

15）师范院校应当将消防安全知识列入学生必修内容。

（3）社区居民委员会、村民委员会消防安全教育培训的主要内容和形式

1）利用文化活动站、学习室等场所，对居民、村民开展经常性防火和灭火技能的消防安全宣传教育。

2）组织志愿消防队、治安联防队和灾害信息员、保安人员等开展防火和灭火技能的消防安全教育培训。

3）在火灾多发季节、农业收获季节、重大节日和乡村民俗活动期间，有针对性地开展防火和灭火技能的消防安全教育培训。

4）社区居民委员会、村民委员会应当确定至少一名专（兼）职消防安全员，具体负责消防安全宣传教育工作。

第四节 电气防火基本知识

据统计资料显示，电气火灾和爆炸事故在火灾和爆炸事故中占有很大的比例，电气火灾约占全部火灾总数的30%。电气火灾和爆炸事故除可能造成人身伤亡和设备毁坏外，还可能造成大规模、长时间停电，给国家财产造成重大损失。

一、电气火灾原因分析

电气引燃源种类很多，归纳起来，危险温度和电火花、电弧是直接的电气引燃源。

1. 危险温度

电气设备运行时总是要发热的。电气设备稳定运行时，其最高温度和最高温升都不会超过某一允许范围。例如，裸导线和塑料绝缘线的最高温度一般不得超过70℃，橡皮绝缘线的最高温度一般不得超过65℃；油浸式变压器上层油温不得超过85℃；电力电容器外壳温度不得超过65℃；电动机定子绕组最高温度，E级绝缘的为105℃、B级绝缘110℃等。当电气设备的正常运行遭到破坏时，发热量增加，温度升高，即产生危险温度。电气设备产生危险温度大体包括以下几种原因：

（1）短路

发生短路时，线路中电流增大为正常时的数倍乃至数十倍，而产生的热量又与电流的平方成正比，使得温度急剧上升。

当电气设备的绝缘老化变质，或受到高温、腐蚀性物质的作用而失去绝缘能力，即可能发生短路；设备安装不当，例如，把绝缘导线直接缠绕、钩挂在铁钉或铁丝上，由于磨损和铁锈腐蚀，很容易使绝缘破坏形成短路；由于雷击等过电压的作用，电气设备的绝缘可能发生击穿而形成短路；由于导电性粉尘或纤维进入电气设备内部、由于受潮也可能引起短路；由于小动物或生长的植物侵入也可能引起短路；检修中错误操作也可能引起短路等。

（2）接触不良

接触部位是电路的薄弱环节，是产生危险温度的重点部位。不可拆卸的接头连接不牢、焊接不良或接头处夹有杂物，都会增加接触电阻导致危险温度；可拆卸的接头连接不紧密或由于振动而松动也会导致危险温度；可开闭的触头，如刀开关的触头、断路器的触头、接触器的触头、插销的触头等，如果没有足够的接触压力或表面粗糙不平等，均可能增大接触电阻，产生危险温度；滑动接触处没有足够的压力或接触不良也会产生危险温度；不同种类导体连接处，由于二者的理化性能不同，接触处极易产生危险温度。

（3）过载

严重过载也会产生危险温度。线路或设备的负载超过额定值，或连续使用时间过长，或乱拉乱接都会导致过载；设计、选用线路或设备时没有考虑足够的裕量会导致过载；对于恒定负载，三相电动机缺相运行也会导致过载。

（4）铁芯过热

对于电动机、变压器、接触器等带有铁芯的电气设备，如铁芯短路，或线圈电压过高，或通电后铁芯不能吸合，由于涡流损耗和磁滞损耗增加都将造成铁芯过热并产生危险温度。

（5）散热不良

电气设备的散热或通风措施遭到破坏，如散热油管堵塞、通风道堵塞、安装位置不当、环境温度过高或距离外界热源太近，均可能导致电气设备和线路产生危险温度。

（6）漏电

漏电电流一般不大，不能促使线路熔丝动作。如漏电电流沿线路比较均匀地分布，则发热量分散，一般不会产生危险温度；但当漏电电流集中在某一点时，可能引起比较严重的局部发热，产生危险温度。

（7）机械故障

对于带有电动机的设备，如果被卡死或轴承损坏，造成堵转或负载转矩过大，都将产生危险温度。

（8）电压过高或过低

电压过高，除使铁心发热增加外，对于恒电阻负载，还会使电流增大，增加发热；电压过低，除使电磁铁吸合不牢或吸合不上外，对于恒功率负载，还会使电流增大，增加发热。以上两种情况都可能导致危险温度。

（9）电热器具和照明灯具

电炉、电烘箱、电熨斗、电烙铁、电褥子等电热器具和照明器具的工作温度较高。例如，电炉电阻丝的工作温度高达800℃，100 W白炽灯泡表面温度高达170~220℃，1 000 W卤钨灯表面温度高达500~800℃等。如果这些发热部件紧贴可燃物或离可燃物太近，极易引燃成灾。

白炽灯泡灯丝温度高达2 000~3 000℃，当灯泡爆碎时，炽热的钨丝落到可燃物上，也会引起可燃物质燃烧。

灯座内接触不良会造成过热，日光灯镇流器散热不良也会造成过热，都可能引燃成灾。

2. 电火花和电弧

电火花是电极间的击穿放电，大量电火花汇集起来即构成电弧。电火花的温度很高，特别是电弧，温度高达 8 000℃。因此，电火花和电弧不仅能引起可燃物燃烧，还能使金属熔化、飞溅，构成二次引燃源。

电火花分为工作火花和事故火花。工作火花指电气设备正常工作或正常操作过程中产生的电火花，例如：刀开关、断路器、接触器、控制器接通和断开线路时产生的火花；插销拔出或插入时产生的火花；直流电动机的电刷与换向器的滑动接触处、绕线式异步电动机的电刷与滑环的滑动接触处产生的火花等。

事故火花是线路或设备发生故障时出现的火花。例如，电路发生短路或接地时产生的火花；熔丝熔断时产生的火花；连接点松动或线路断开时产生的火花；变压器、断路器等高压电气设备由于绝缘质量降低发生的闪络等。

事故火花还包括由外部原因产生的火花。如雷电火花、静电火花、电磁感应火花等。

除上述外，电动机的转动部件与其他部件相碰也还会产生机械碰撞火花。

就爆炸而言，除多油断路器、油浸式电力变压器等充油设备本身可能爆炸外，以下情况可能引起空间爆炸：

（1）周围空间有爆炸性混合物，在危险温度或电火花作用下引起空间爆炸。

（2）充油设备的绝缘油在高温电弧作用下气化和分解，喷出大量油雾和可燃气体，引起空间爆炸。

（3）发电机的氢冷装置漏气，或酸性蓄电池排出氢气等，形成爆炸性混合物，引起空间爆炸。

（4）高压设备短路时发生爆炸。

二、电气防火防爆措施

电气防火、防爆措施是综合性的措施，其他防火、防爆措施对于防止电气火灾和爆炸也是有效的。

1. 消除或减少爆炸性混合物

这项措施包括采取封闭式作业，防止爆炸性混合物泄漏；清理现场积尘，防止爆炸性混合物积累；设计正压室，防止爆炸性混合物侵入；采取开式作业或通风措施，稀释爆炸性混合物；在危险空间充填惰性气体或不活泼气体，防止形成爆炸性混合物；以及安装报警装置，当混合物中危险物品的浓度达到其爆炸下限的 10%时报警等。

2. 消除引燃源

为了防止出现电气引燃源，应根据爆炸危险环境的特征和危险物的级别、组别选用电气设备和电气线路，并保持电气设备和电气线路安全运行。安全运行包括电流、电压、温升和温度等参数不超过允许范围，包括绝缘良好、连接和接触良好、整体完好无损、清洁、标志清晰等。

爆炸危险环境电气设备的最高表面温度不得超过表4—1和表4—2的规定。

表4—1　　气体、蒸气危险环境电气设备最高表面温度

组别	T1	T2	T3	T4	T5	T6
最高表面温度/℃	450	300	200	135	100	85

表4—2　　粉尘、纤维危险环境电气设备最高表面温度

极限温升/℃	电气设备表面或零部件温度极限值			
	无过负荷可能的设备		有过负荷可能的设备	
	极限温度/℃	极限温升/℃	极限温度/℃	极限温升/℃
T11	215	175	190	150
T12	160	120	140	100
T13	110	70	100	60

保持设备清洁有利于防火。设备赃污或灰尘堆积既降低设备的绝缘又妨碍通风和冷却，特别是正常时有火花产生的电气设备，很可能由于过分赃污引起火灾。因此，从防火角度考虑，也要求定期或经常地清扫电气设备，以保持清洁。

3. 隔离和间距

室内电压10 kV以上、总油量60 kg以下的充油设备，可安装在两侧有隔板的间隔内；总油量60~600 kg的，应安装在有防爆隔墙的间隔内；油量600 kg以上者，应安装在单独的防爆间隔内。

10 kV及以下的变、配电室不得设在爆炸危险环境的正上方或正下方；变电室与各级爆炸危险环境毗连，以及配电室与1区或10区爆炸危险环境毗连时，最多只能有两面相连的墙与危险环境共用；配电室与2区或11区爆炸危险环境毗连时，最多只能有三面相连的墙与危险环境共用。10 kV及以下的变、配电室也不宜设在火灾危险环境的正上方或正下方，也可以与火灾危险环境隔墙毗连。配电室允许通过走廊或套间与火灾危险环境相通，但走廊或套间应由非燃性材料制成；而且除23区火灾危险环境外，门应有自动关闭装置。1 000 V以下的配电室可以通过难燃材料制成的门与2区爆炸危险环境和火灾危险环境相通。变、配电室与爆炸危险环境或火灾危险环境毗连时，隔墙应用非燃性材料制成。与1区和10区环境共用的隔墙上，不应有任何管子、沟道穿过；与2区或11区环境共用的隔墙上，只允许穿过与变、配电室有关的管子和沟道，孔洞、沟道应用非燃性材料严密堵塞。毗连变、配电室的门、窗应向外开，通向无爆炸或火灾危险的环境。

室外变、配电站与建筑物的防火间距见表4—3。室外变、配电装置不应设置在易于沉积可燃粉尘或可燃纤维的地方。

表 4—3　　室外变、配电站与建筑物的防火间距/m

<table>
<tr><th colspan="3" rowspan="2">建筑物特征</th><th colspan="3">变压器总油量/t</th></tr>
<tr><th>5~10</th><th>10~50</th><th>>50</th></tr>
<tr><td rowspan="3">民用建筑</td><td rowspan="6">耐火等级</td><td>一、二级</td><td>15</td><td>20</td><td>25</td></tr>
<tr><td>三级</td><td>20</td><td>25</td><td>30</td></tr>
<tr><td>四级</td><td>25</td><td>30</td><td>35</td></tr>
<tr><td rowspan="3">丙、丁、戊类厂房及库房</td><td>一、二级</td><td>12</td><td>15</td><td>20</td></tr>
<tr><td>三级</td><td>15</td><td>20</td><td>25</td></tr>
<tr><td>四级</td><td>20</td><td>25</td><td>30</td></tr>
<tr><td colspan="3">甲、乙类厂房</td><td colspan="3">25</td></tr>
<tr><td rowspan="3">甲、乙类库房</td><td colspan="2">贮量不超过 10 t 的甲类 1、2、5、6 项物品及乙类物品</td><td colspan="3">25</td></tr>
<tr><td colspan="2">贮量不超过 5 t 的甲类 3、4 项物品和贮量超过 10 t 的甲类 1、2、5、6 项物品</td><td colspan="3">30</td></tr>
<tr><td colspan="2">贮量超过 5 t 的甲类 3、4 项物品</td><td colspan="3">40</td></tr>
</table>

开关、插销、熔断器、电热器具、照明器具、电焊设备、电动机等均应避开易燃物或易燃建筑构件。起重机滑触线的下方，不应堆放易燃物品。

10 kV 及以下架空线路，严禁跨越火灾和爆炸危险环境；当线路与火灾和爆炸危险环境接近时，其间水平距离一般不应小于杆柱高度的 1.5 倍。

4. 爆炸危险环境接地和接零

爆炸危险环境的接地、接零应注意以下几点：

（1）从防止触电的角度考虑不要求接地（或接零）的部位，如交流 127 V 及以下、直流 110 V 及以下的电气设备也应接地（或接零）；并实施等电位连接。

（2）将所有设备的金属部分、金属管道，以及建筑物的金属结构全部接地（或接零），并连接成连续整体。

（3）采用 TN-S 系统，即将工作零线应与保护零线分开。其相线和工作零线均应装有短路保护元件，并装设双极开关同时操作相线和工作零线。保护导体的最小截面，铜导体不得不于 4 mm^2、钢导体不得不于 6 mm^2。

（4）在不接地配电网中，必须装设一相接地时或严重漏电时能自动切断电源的保护装置或能发出声、光双重信号的报警装置。短路保护应有较高的灵敏度。

三、电气线路防火

电气线路往往由于短路、过载运行、接触电阻过大等原因，产生电火花、电弧或引起电线、电缆过热，从而造成火灾。

为了防止电气线路在运行中发生火灾事故，应采取如下措施：

（1）按使用环境场所的不同正确选用导线的类型。

（2）为了防止绝缘损坏引起火灾，应定期对线路进行绝缘电阻测定。如有损坏，应及时更坏。

（3）无论是输、配电线路或低压电路都必须有可靠的保护装置，包括短路保护和过载保护等。

（4）线路敷设要求

1）根据环境不同，按规定正确选择配线方式。

2）架空线不应跨越屋而为可燃材料的建筑物。

3）在电器线路中，应尽量减少不必要的接头。对于不可缺少的接头，必须紧密结合，牢固可靠。

4）公众聚集场所应采用硬塑料或钢管内穿绝缘电线敷设。

四、拉接临时电气线路防火

临时电气线路就是为用电设备拉接的临时供电线路。有的公众聚集场所在电器设备增多，而原设线路、插座不够使用时，就可能随便使用手头的电线拉接临时线，来为这些用电设备供电，这样做，存在着许多火灾隐患。

有的场所将电源线埋在地毯下，一旦电源线出现故障，会产生电火花或出现高温，引燃地毯，发生火灾；有的场所不注意电源线能承受多大负荷，随意使用线径较细的电线作为电气设备的电源线，使电线的塑料绝缘层受热软化；还有的场所直接从变压器两侧引出临时电源线，这样的电源线路由于未经开关柜保护，一旦出现故障，会造成更大的事故。另外，用临时线供电的用电设备一般未接地线，若电器设备漏电，不但会发生人员触电事故，漏电处的局部过热还可能直接导致火灾。

临时线路易受机械损伤，易发生短路、过载、过热或产生火花，而与电器设备的接头处，也可能由于接触不良，接触电阻过大而导致局部过热。随意拉设的电线也可能由于长度不够而铰接加长，接头处松动也会导致火花放电。

乱拉临时线是一个普遍存在的问题，应当引起重视。各单位应加强用电管理，建立健全临时线申报、审批制度。凡不属于临时用电设备，应严格按照有关标准，规范设置固定配电线路，由持有电工上岗证的合格电工敷设。属于临时用电设备，到期应及时拆除临时线，以杜绝火灾隐患。

五、电气照明防火

1. 火灾危险性

某些照明灯具在工作时，其玻璃灯泡、灯管、灯座等表面温度都较高。若灯具选用不当或发生故障时会产生电火花、电弧；接触不良，将导致局部产生高温；导线和灯具的过载和过压，会导致导线过热；以及绝缘破坏、短路和灯具的爆碎；凡此种种，都会引起可燃物起火成灾。特别是灯具的使用极其普遍，人们司空见惯，往往容易忽视其防火安全，所以更增大了发生火灾的可能性。

2. 防火措施

除应根据环境场所的火灾危险性来选择不同类型的照明灯具外，还应注意采取下列防火措施：

（1）白炽灯、高压汞灯与可燃物、可燃结构之间的距离不应小于 50 cm，卤钨灯与可燃物之间的距离则应大于 50 cm。

（2）严禁用纸、布或其他可燃物遮挡灯具。

（3）灯泡距地面的高度一般不应低于 2 m。灯泡的正下风不宜堆放可燃物。

（4）整流器与灯管的电压、容量必须相同，配套使用。整流器安装时应注意通风散热，不能将镇流器直接固定在可燃天花板、吊顶或墙壁上，应用隔热的不燃材料进行隔离。

（5）可燃吊顶内暗装灯具功率不宜过大，并应以白炽灯或荧光灯为主。灯具上方应保持一定的空间，以利散热。

（6）各种特效灯的电动机，不应直接接触可燃物，中间应铺垫防火隔热材料。

（7）可燃吊顶上所有暗装、明装灯具，舞台暗装彩灯，舞池脚灯的电源导线，均应穿管敷设。彩灯之间导线应焊接，所有导线不应与可燃材料直接接触。

六、常见家用电器防火

1. 空调器防火

（1）空调器发生火灾的原因

空调器发生火灾的原因主要有：

1）安装不符合要求。如安装时将空调器安装在通风散热不良的死角，产生的热量易聚而形成高温。也有的将空调安装在紧靠窗帘布处，这样，窗帘布阻挡了空调器热量的散发，空调器产生的高温就可能烤着窗帘布。

2）电气连接不当。空调器一般均为大功率用电设备，如导线载流不足会造成导线超负荷过热起火，电源插头接触不可靠会打出强烈的电火花或电弧，以致引燃附近的可燃物。也有的在连接电源时，将空调器单相三线插头误接到 380 V 的三相电源上，使空调器烧坏起火等。

3）电容器击穿造成空调器起火。此类情况主要有三个方面的原因：首先，由于电容器用电压值不够，易击穿；其次，电容器受潮被击穿。电容器受潮后，漏电流增大，绝缘能力降低，很容易发生击穿事故；最后，电源电压过高，有些地区由于负荷不稳定，电压波动较大，当空调器工作时，电容器容易发生击穿。

4）空调器轴流风扇或离心风扇因故障卡住停转，使风扇电机温度不断上升，导致过热短路起火。

5）当电热型空调器的电热丝加热室内循环空气时，风扇发生故障，电热丝得不到循环空气的冷却，周围空间温度不断上升。空调器若无热保护装置或保护装置失灵，不能及时切断电路，就会引燃可燃物质，造成火灾事故。

6）密封接线座击穿。单相空调器的全封闭压缩机密封接线座常发生击穿事故，尤其是制冷量大的空调器，电机工作电流大，密封接线座通过大电流时易被击穿。一旦击穿，压缩机冷冻油从全封闭机壳内溢出，流到空调器底盘上，如不及时处理，遇到火种就会起火。

此外，对有的空调器突然停电或停机时，电热丝与风扇电机同时被切断，电热元件的余热不能马上散发出去，也会使周围温度上升，引起火灾事故。

（2）空调器的火灾预防措施

1）空调器的安装高度、方向、位置应有良好的散热条件，并注意与窗帘布、木结构等周围的可燃物保持一定的安全距离。空调器运行时，不要让其他物品靠近，以免影响其正常工作。

2）用于安装空调的支架、隔板应采用非燃材料制作。安装在空调器上的遮阳罩也应采用非燃材料。

3）空调应有良好的接地装置，随时导出静电，预防静电打火引起火灾。空调还应安装保护装置，以便过载时能及时切断电源。当人员离去时，应拉闸断电。

4）空调器的电源插座和供电线路应为专用线路，导线的载流量要足够，电源电压要与空调器的要求相符，电源插头及其他电气还要安装容量适合的保险丝（最好使用定时保险）。此外，还应兼顾电度表及供电的变压器的承受能力。

5）用电热型空调制热，关机时须牢记切断电热部分的电源，需冷却的应坚持冷却 2 min 以上。

6）短时间内不要频繁关启空调。这是因为在空调停止后的短时间内，压缩机进、排气两侧的压力差较大，使压缩机负荷增加，电流剧增，会导致电动机烧毁。当停电或拔掉电源插头后，一定要将选择开关置于“停”的位置，待接通电源后，重新按启动步骤操作。

7）电热型空调器应禁止粘贴可燃塑料、保温材料。

8）空调器要保持干燥，严禁受潮，以免电机绝缘性能降低发生短路。

9）空调器应经常保持清洁，空气过滤器应定期清洗，以免积灰太多，影响空气对流。风扇电动机要定期加注润滑油，若全年运行，每年应加 2~3 次。

10）要经常对空调器、线路、插座插头进行检查维修，使其经常处于良好的运行状态。在空调运行中，若发现空调器有异味或冒烟，应立即停机检查，及时维修，排除故障。

2. 电冰箱防火

（1）电冰箱发生火灾的原因

电冰箱作为餐饮和家庭生活场所的常用电器，如果管理不善、使用不当，便会引起火灾事故，其原因主要如下：

1）电源线选择不当或在安装时电源线绝缘层损坏，造成短路打火，引燃附近可燃物。

2）电源线或各部元件接触不好，造成接触电阻过大，使接触点发热。

3）熔丝过细，在使用中引起爆断，产生火花或电弧。

4）插头与插座接触不良，或插头损坏等造成接触电阻过大或导线裸露与其他导线、金属接触造成短路打火，引起线路、附近可燃物等着火。

5）电子元件失灵，如恒温器发生故障失去控制，制冷系统不停运转，从而造成压缩机和散热器过热，导致温度升高而点燃附近易燃物，引起火灾。

6）电冰箱在运转过程中，电视机、温控器、继电器等电气元件动作时均产生电火花，当厨房内的燃气泄漏并达到爆炸极限范围时能引起爆炸着火。

7）电冰箱的保温材料多采用聚氨酯硬泡，属易燃材料，若冰箱除霜加热器、控制开关失灵，加热时间过长也会引起着火。

8）电冰箱放置位置不当，通风不好，电冰箱的散热板热量散发不出去，机械部分温度较高，贴近该处的电源线被烧坏，引起漏电或短路。当热量达到一定温度，引燃周围可燃物，导致火灾。

9）电冰箱内一般设有10~15 W的照明灯和门控开关以及根据不同功能要求设置的温控继电器、定时化霜时间继电器和压缩机电动机启动继电器等电器设备，由于这些电器设备均能产生电火花，当冰箱内存放易燃、易挥发危险物品时，就有可能发生电冰箱起火爆炸事故。

（2）电冰箱的火灾预防措施

为防止电冰箱引起火灾事故，使用时必须注意以下几点：

1）合理使用电源线，并按有关规定正确安装，以防在使用中造成导线绝缘损坏引起短路。

2）电源线或各电路元件连接时，要接触紧密牢固，以防造成接触电阻过大。

3）按照有关规定选择合适的熔丝，以免在使用中引起爆断，产生火花或电弧。

4）冰箱内严禁存放易燃、易挥发的危险物品，以免挥发后与空气形成混合气体，遇火花爆炸起火。

5）电冰箱背面机械部分温度较高，所以电源线不要贴近该处，以防烧坏电源线，造成漏电或短路。

6）电冰箱背后严禁用水喷洒，防止破坏电器元件绝缘。

7）电源的插头、插座要完整好用。损坏后要及时更换，防止在使用中造成短路或打出火花。

8）电冰箱后部应干燥通风，冷凝器应与墙壁保持一定的距离，切勿在电冰箱后面塞放可燃物。

9）电冰箱出现故障时，应立即停机检查维修。

电冰箱断电后，至少要过 5 min 才可重新启动。

3. 吸尘器防火

吸尘器是公众聚集场所、家庭常使用的清洁器具之一，若使用不当，可能会引起火灾。

（1）吸尘器发生火灾的原因

吸尘器发生火灾的原因主要有：

1）吸尘器上标注的电压与电源电压不符，电源线选择不当或各种原因造成电源线绝缘损坏，短路打火。

2）电源线或各部元件接触不良，造成接触电阻过大。

3）吸尘器缺乏维修保养，在使用时造成短路、漏电等事故引发火灾。

4）插销损坏、熔丝熔断等造成打火。

5）使用时间过长造成电机发热，或使用环境温度过高使电机发热烧毁。

（2）吸尘器的火灾预防措施

1）电源插座要有足够的容量，不宜与其他功率较大的电器同时使用。因吸尘器功率较大，同时使用时容易导致电气线路过载发热。

2）使用时间不宜过长，若用手摸吸尘器桶身外壳觉得较热时，应停止一段时间后再继续使用，以防电动机因过热而烧毁，引起火灾。

3）不应再潮湿场所使用吸尘器，也不要用水洗涤吸尘器主要部件，以免电机或电气线路受潮发生短路起火。

4）不要把火柴、烟头等物品吸入吸尘器内，也不要用吸尘器吸烟灰缸和废纸篓内的杂物，以免引起火灾。

5）当空间散发有可燃气体，如汽油、酒精等洒落在地面，煤气、液化石油气发生了泄漏，或者餐饮场所内刚刚使用过易燃液体，此时切不可使用吸尘器工作，以免引起火灾爆炸事故。

6）吸尘器使用完毕，应断开电源，取出滤尘袋，及时将尘污倒掉，以免积尘过多，或进风嘴和排气口被较大的物体堵塞，引起功率降低和电动机过热而起火。吸尘器每次使用完毕，切记将电源线从插座上拔下。

7）在使用吸尘器时，若发现电动机冒烟时，应立即拔掉电源线，拆下进风嘴的软管，将吸尘器移至周围没有可燃物的地方进行处理，待修复后再使用。

4. 电饭锅防火

电饭锅是常用的电热炊具，使用电饭锅时应注意以下几点：

（1）电饭锅要放在厨房专用地点，搁置电饭锅的基座不应采用可燃材料，周围一定距离内不应有易燃、可燃物品，更不能放液化石油气钢瓶。

（2）电饭锅应有固定的电源插座，不要乱拉电线为电饭锅供电，不能和其他电器混用电源。电饭锅的线路连接要牢靠，线路中若有接触松动，容易引起火灾。

（3）用电饭锅做汤、烧水时，要有人看管，不要忘记及时切断电源。

（4）电热盘和内锅外表面不可沾有饭粒等杂物，以保障两者紧密接触。电饭锅使用时，内锅要放正，放下后来回转动一下，使其与电热盘接触良好。

（5）避免碰撞内锅，内锅若变形严重，应立即更换。不能用普通铝锅代替内锅。

（6）电饭锅的外壳、电热盘、开关等不能在使用过程中用水清洗。

5. 电烤箱防火

电烤箱在使用时应注意以下防火措施：

（1）电烤箱的用电量较大，应防止导线过载，宜采用单独线路供电，并安装合适的开关，接线处要牢固。

（2）电烤箱周围不应防止易燃、可燃物。

（3）需要烘烤的可燃物应放在支架上，不能直接与热元件接触。

（4）要严格控制烘烤可燃物的时间和温度，应及时清除箱内支架上的可燃物。

第五节　危险化学品防火基本知识

危险化学品种类繁多、性质复杂、用途广泛、危险性极大。这类产品在生产、使用、储存、运输、销售、销毁等环节中，操作管理稍有不慎极易造成火灾爆炸事故或严重污染事故，且此类火灾燃烧猛烈、蔓延快、影响面广、扑救困难、持续时间长，对人体毒害也大，在消防工作中应在掌握其物化特性的基础上，制定和落实专业防护方法、灭火抢险预案，最大限度地减少或避免化学危险品火灾事故的发生。

一、危险化学品的定义与分类

1. 定义

凡具有爆炸、易燃、毒害、腐蚀、放射性等危险性质，在运输、装卸、生产、使用、经营、储存过程中，在一定条件下能引起燃烧、爆炸，导致人身伤亡和财产损失等事故的化学品，统称为危险化学品。其中，以易燃、易爆为主要理化特性的化学危险品被称为易燃易爆化学品。

2. 分类

按照《危险化学品安全管理条例》（2002 年 1 月 26 日，国务院令第 344 号公布。2011 年 2 月 16 日国务院常务会议修订通过，国务院令第 344 号公布。）规定：危险化学品，包括爆炸品、压缩气体和液化气体、易燃液体、易燃固体、自燃物品和遇湿易燃物品、氧化剂和有机过氧化物、有毒品和腐蚀品等。

因为民用爆炸物品、放射性物品、核能物质和城镇燃气、兵器工业的弹药等火工产品，虽然也属于危险物品，但由于它们性质特殊，危害大，有专门的管理要求和法规，所以，我们常说的危险化学品不包括这些物品。

（1）爆炸品

本类化学品指在外界作用下（如受热、受压、撞击等），能发生剧烈的化学反应，瞬时产生大量的气体和热量，使周围压力急剧上升，发生爆炸，对周围环境造成破坏，同时伴有光、声、烟雾等效应的物品，也包括无整体爆炸危险，但具有燃烧、抛射及较小爆炸危险的物品。爆炸品在国家标准中分 5 项，其中有 3 项包含危险化学品：第 1 项是具有整体爆炸危险的物质和物品，如高氯酸等；第 3 项是具有燃烧危险和较小爆炸危险的物质和物品，如二亚硝基苯等；第 4 项是无重大危险的爆炸物质和物品，如四唑并-1-乙酸等。

（2）压缩气体和液化气体

为了便于储运和使用，将气体用加压法、降温法压缩或液化后储存于钢瓶内。在钢瓶中处于气体状态的称为压缩气体，处于液体状态的称为液化气体。

这类物品当受热、撞击或剧烈震动时，容器内压力急剧增大，致使容器破裂，物质泄漏、爆炸等。它分为 3 项：第 1 项为易燃气体、如氨气、一氧化碳、甲烷等；第 2 项为不燃气体（包括助燃气体），如氮气、氧气等；第 3 项为有毒气体，如氯（液化的）、氨（液化的）等。

（3）易燃液体

闭杯试验闪点≤61℃的液体、液体混合物或含有固体物质的液体为易燃液体。易燃液体在常温下易挥发，其蒸气与空气混合能形成爆炸性混合物。这类物质大都是有机化合物。

（4）易燃固体、自燃物品和遇湿易燃物品

凡是燃点较低，在遇明火、受热、撞击、摩擦或与某些物品（如氯化钠）接触后，会引起强烈、迅速燃烧，并可能散发出有毒烟雾或有毒气体的固体物质称为易燃固体，但不包括已列入爆炸品的物品，按燃点高低、易燃性大小，可分为一级、二级易燃固体。易燃固体有红磷、硫黄等。

自燃物品系自燃点低，不需要外界明火作用，在空气中易发生氧化反应，放出热量而自行燃烧的物品。根据自燃的难易程度分为一、二级自燃物品。自燃物品有黄磷、三氯化钛等。

遇湿易燃物品系指遇水或受潮时，发生剧烈化学反应，放出大量的易燃气体和热量，使可燃气体温度猛升到该气体的自燃点或遇到明火、火花而引起燃烧或爆炸的物品，称为遇湿易燃物品。按遇湿或受潮后发生反应的剧烈程度及其危害的大小，可分为一、二级遇湿易燃物品。遇湿易燃物品有金属钠、氰化钾等。

（5）氧化剂和有机过氧化物

在氧化—还原反应过程中，能获得电子的物质称为氧化剂，失去电子的物质称为还原剂。氧化剂系指处于高氧化态，具有强氧化性，易分解并放出氧和热量的物质，包括含有过氧基的无机物。其本身不一定可燃，但能导致可燃物的燃烧，与松软的粉末状可燃物能组成爆炸性混合物，对热、震动或摩擦较敏感。氧化剂有氯酸铵、高锰酸钾等。

有机过氧化物系指分子组成中含有过氧基的有机物，其本身易燃易爆，极易分解，对热、震动或摩擦极为敏感。按氧化性的强度和化学组成分为一级氧化剂、二级氧化剂和有机过氧化物。有机过氧化物有过氧化苯甲酰、过氧化甲乙酮等。

（6）有毒品

有毒品是指进入人（动物）肌体后，累积达到一定的量能与体液和组织发生生物化学作用或生物物理作用，扰乱或破坏肌体的正常生理功能，引起暂时或持久性的病理改变，甚至危及生命的物品，如各种氰化物、砷化物、化学农药等。有毒品分为一级无机有毒品、一级有机有毒品、二级无机有毒品和二级有机有毒品 4 类。

（7）腐蚀品

本类化学品系指能灼伤人体组织并对金属等物品造成损坏的固体或液体。腐蚀品与皮肤接触在 4 h 内可见坏死现象，或温度在 55℃时，对 20 钢的表面均匀年腐蚀率超过 6. 25 mm/年的固体或液体。腐蚀品化学性质比较活泼，能和很多金属、有机化合物、动植物机体等发生化学反应。

腐蚀品按化学性质分为 3 项：酸性腐蚀品，如硫酸、硝酸、盐酸等；碱性腐蚀品，如氢氧化钠、硫氢化钙等；其他腐蚀品，如二氯乙醛、苯酚钠等。

二、危险化学品的火灾危险性

1. 爆炸品的火灾危险性

（1）爆炸物品都具有化学不稳定性，在一定外因的作用下，能以极快的速度发生猛烈的化学反应，产生的大量气体和热量在短时间内无法逸散开去，致使周围的温度迅速升高并产生巨大的压力而引起爆炸。

（2）一般炸药的起爆温度比较低，如雷汞只要温度升高到165℃时，就能起爆；黑火药的起爆温度虽较高，为270~300℃，但遇明火极易爆炸。

（3）有些爆炸品与某些化学药品如酸、碱、盐发生化学反应，反应的生成物是更容易爆炸的化学品。

（4）某些炸药与金属反应，生成更易爆炸的物质。特别是一些重金属及其化合物的生成物，其敏感度更高。

2. 易燃液体的火灾危险性

（1）易燃液体的闪点低，燃点也低（高于闪点1~5℃），接触火源极易着火并持续燃烧。

（2）易燃液体几乎全部是有机化合物，其中所含的碳和氢易与氧反应而燃烧。当易燃液体与氧化剂或有氧化性的酸类（特别是硝酸）接触，能发生剧烈反应而引起燃烧、爆炸。

（3）大多数易燃液体分子量小，沸点低，容易挥发，蒸气压大，液面的蒸汽浓度也较大，遇明火或火花极易着火燃烧。易燃液体蒸气一般比空气重，易沉积在低洼处或室内，经久不散，更增加了着火的危险性。

（4）易燃液体着火所需能量小，只要极小能量的火花即可点燃。有些易燃液体在流动、晃动时容易积聚静电，静电放电产生火花则引起燃烧。

（5）当盛放易燃液体的容器有某种破损或不密封时，扩散出来的易燃蒸气与空气混合，达到爆炸极限时，遇明火或火花即能引起燃烧爆炸。

（6）易燃液体的膨胀系数比较大，受热后容易膨胀，造成密封容器“破桶”，甚至爆裂，爆裂时会产生火花而引起燃烧、爆炸。

3. 压缩气体和液化气体的火灾危险性

（1）储于钢瓶内的压缩气体、液化气体或加压溶解的气体受热膨胀，压力升高，能使钢瓶爆炸。压缩气体和液化气体的热胀冷缩比液体、固体大得多，其体积随温度升降而胀缩。因此，容器（钢瓶）在储存、运输和使用过程中，要注意防火、防晒、隔热，在向容器（钢瓶）内充装气体时，要注意极限温度、压力，严格控制充装，防止超装、超温、超压造成事故。

（2）有些压缩气体和液化气体相互接触后会发生化学反应引起燃烧爆炸。

（3）油脂等可燃物在高压纯氧的冲击下极易起火燃烧，甚至爆炸。

（4）压缩气体和液化气体除具有爆炸性外，还具有易燃性、助燃性、毒害性和窒息性，在受热、撞击、震动等外界作用下均易引起燃烧、爆炸或中毒等事故。

4. 易燃固体的火灾危险性

（1）易燃固体的主要特性是容易被氧化，受热易分解或升华，遇明火常会引起强烈、连续的燃烧。

（2）易燃固体除火种、热源能引起燃烧外，受摩擦、震动、撞击等也能起火燃烧，甚至爆炸。

（3）有些易燃固体与氧化剂或酸类（特别是氧化性酸）反应剧烈，会发生燃烧、爆炸。

5. 自燃物品和遇湿易燃物品的火灾危险性

（1）自燃物品多具有容易氧化、分解的性质，且自燃点较低，当积热使温度达到该物质的自燃点时便会自发地着火燃烧。

（2）遇湿易燃物品与水或潮湿空气中的水分能发生剧烈化学反应，放出易燃气体和热量，与酸反应更加剧烈，极易引起燃烧、爆炸。

6. 氧化剂和有机过氧化物的火灾危险性

（1）氧化剂和有机过氧化物最突出的性质是遇易燃物品、可燃物品、有机物、还原剂等会发生剧烈化学反应引起燃烧、爆炸。

（2）氧化剂和有机过氧化物对摩擦、撞击、震动极为敏感，遇高温易分解放出氧和热量，极易引起燃烧、爆炸。

（3）大多数氧化剂，特别是碱性氧化剂、遇酸反应强烈，甚至发生爆炸。

（4）有些氧化剂和有机过氧化物遇水分解，有助燃作用，使可燃物燃烧，甚至爆炸。

（5）有些氧化剂和有机过氧化物与其他氧化剂接触后能发生复分解反应，放出大量热量而引起燃烧、爆炸。

7. 毒害品的火灾危险性

（1）毒害品的主要特性是具有毒性，加大了消防救援的毒害风险。毒害品在水中的溶解度越大，其毒性也越大。

（2）有些毒害品不仅有毒性，还有易燃、易爆、腐蚀等危险性。

8. 放射性物品的火灾危险性

除放射性危害加大消防救援的危险性外，放射性物品一般都能燃烧，有的燃烧很强烈甚至引起爆炸。放射性物品在火灾中造成的大量放射性灰尘不仅污染环境，危害人体健康，而且在多年内都无法清除，贻害无穷。

9. 腐蚀品的火灾危险性

（1）硝酸等腐蚀品除具有酸性外，还具有很强的氧化性能，遇有机物（如松节油）能立即着火燃烧。

（2）剧毒、腐蚀性极强的溴素，还具有氧化性，不但能灼伤皮肤，还能使干草、木屑等有机物氧化发热而引起燃烧。

(3) 多数腐蚀性有不同程度的毒性，有的还是剧毒品，部分有机腐蚀品遇明火易燃烧，部分无机酸性腐蚀品具有氧化性能，遇有机化合物等易因氧化发热而引起燃烧。

三、危险化学品的防火措施

由于化学品中有相当一部分具有易燃、易爆、有毒、腐蚀等危险特性，在生产、包装、运输、储存过程中，若处理不当，极易造成事故，轻则影响生产，造成经济损失，重则造成人员伤亡，严重污染环境。随着危险化学品产量的增加，使用范围的扩大，危险化学品由于包装、储存、运输不当而发生的事故越来越多，危害越来越大。因此，全面加强危险化学品的安全管理，对避免重大灾害事故发生意义重大。

1. 危险化学品的主要监督管理部门及其职责

(1) 主要监督管理部门

1) 根据《危险化学品安全管理条例》的规定和第十届全国人大批准的国务院机构改革方案，原国务院经济贸易委员会负责的危险化学品安全生产监督管理综合工作和有关职责，现由国家安全生产监督管理总局负责。

国家安全生产监督管理总局和省、自治区、直辖市人民政府安全生产监督管理部门，依照《危险化学品安全管理条例》的规定，负责危险化学品安全监督管理工作，包括负责危险化学品生产、储存企业设立及其改建、扩建的审查，负责危险化学品包装物、容器（包括用于运输工具的槽罐）专业生产企业的审查和定点，负责危险化学品经营许可证的发放，负责国内危险化学品的登记，负责危险化学品事故应急救援的组织和协调，并负责前述事项的监督检查；设区的市级人民政府和县级人民政府的安全生产监督管理部门，依照《危险化学品安全管理条例》的规定履行职责。

2) 公安部门负责危险化学品的公共安全管理，负责发放剧毒化学品购买凭证和准购证，负责审查核发剧毒化学品公路运输通行证，对危险化学品道路运输安全实施监督，并负责前述事项的监督检查。

3) 质检部门负责发放危险化学品及其包装物、容器的生产许可证，负责对危险化学品包装物、容器的产品质量实施监督，并负责前述事项的监督检查。

4) 环境保护部门负责废弃危险化学品处置的监督管理，负责调查重大危险化学品污染事故和生态破坏事件，负责有毒化学品事故现场的应急监测和进口危险化学品的登记，并负责前述事项的监督检查。

5) 铁路、民航部门负责危险化学品铁路、航空运输和危险化学品铁路、民航运输单位及其运输工具的安全管理及监督检查。交通部门负责危险化学品公路、水路运输单位及其运输工具的安全管理，对危险化学品水路运输安全实施监督，负责危险化学品公路、水路运输单位、驾驶人员、船员、装卸人员和押运人员的资质认定，并负责前述事项的监督检查。

6）卫生行政部门负责危险化学品的毒性鉴定和危险化学品事故伤亡人员的医疗救护工作。

7）工商行政管理部门依据有关部门的批准、许可文件，核发危险化学品生产、经营、储存、运输单位营业执照，并监督管理危险化学品市场经营活动。

8）邮政部门负责邮寄危险化学品的监督检查。

（2）职权

依照《危险化学品安全管理条例》对危险化学品单位实施监督管理的有关部门，依法进行监督检查，可以行使下列职权：

1）进入危险化学品作业场所进行现场检查，调取有关资料，向有关人员了解情况，向危险化学品单位提出整改措施和建议。

2）发现危险化学品事故隐患时，责令立即排除或者限期排除。

3）对有根据认为不符合有关法律、法规、规章规定和国家标准要求的设施、设备、器材和运输工具，责令立即停止使用。

4）发现违法行为，当场予以纠正或者责令限期改正。

危险化学品单位应当接受有关部门依法实施的监督检查，不得拒绝、阻挠。有关部门派出的工作人员依法进行监督检查时，应当出示证件。

2. 危险化学品的消防安全管理

（1）生产、储存消防安全管理

1）行政管理。设立剧毒化学品生产、储存的企业和其他危险化学品生产、储存企业，应当分别向省、自治区、直辖市人民政府安全生产监督管理部门和设区的市级人民政府负责危险化学品安全监督管理综合工作的部门提出申请，并提交下列条件：可行性研究报告；原料、中间产品、最终产品或者储存的危险化学品燃点、自燃点、闪点、爆炸极限、毒性等理化性能指标；包装、储存、运输的技术要求；安全评价报告；事故应急救援措施；符合《危险化学品安全管理条例》规定条件的证明文件。

省、自治区、直辖市人民政府安全生产监督管理部门或者设区的市级人民政府负责危险化学品安全监督管理综合工作的部门收到申请和提交的文件后，应当组织有关专家进行审查，提出审查意见后，报本级人民政府做出批准或者不予批准的决定。依据本级人民政府的决定，予以批准的，省、自治区、直辖市人民政府安全生产监督管理部门或者设区的市级人民政府负责危险化学品安全监督管理综合工作的部门颁发批准书；不予批准的，书面通知申请人。申请人凭批准书向工商行政管理部门办理登记注册手续。

依法设立的危险化学品生产企业，必须向国务院质检部门申请领取危险化学品生产许可证；未取得危险化学品生产许可证的，不得开工生产。国务院质检部门应当将颁发危险化学品生产许可证的情况通报国家安全生产监督管理总局、环境保护部门和公安部门。

2）消防安全要求。生产、储存危险化学品的，应当根据危险化学品的种类、特性，在车间、库房等作业场所设置相应的监测、通风、防晒、调湿、防火、灭火、防爆、泄压、防毒、消毒、中和、防潮、防雷、防静电、防腐、防渗漏、防护围堤或者隔离操作等安全设施、设备，并按照国家标准和国家有关规定进行维护、保养，保证符合安全运行要求。

生产、储存危险化学品的具体消防安全措施有：

①危险化学品的生产、储存的场所或建筑应当符合有关消防技术规范的要求。

②危险化学品必须储存在专用仓库、专用场地或者专用储存室内，储存方式、方法与储存数量必须符合国家标准，并由专人管理；仓库的储存设备和安全措施应当定期检测；危险化学品出入库，必须进行核查登记；库存危险化学品应当定期检查；剧毒化学品以及储存数量构成重大危险源的其他危险化学品必须在专用仓库内单独存放，实行双人收发、双人保管制度；储存单位应当将储存剧毒化学品以及构成重大危险源的其他危险化学品的数量、地点以及管理人员的情况，报当地公安部门和负责危险化学品安全监督综合管理工作的部门备案。

③储存化学危险品的仓库内严禁吸烟和使用明火；对进入仓库区内的机动车辆必须采取防火措施；危险化学品的露天堆放必须符合防火防爆要求，遇火、热、潮湿引起燃烧、爆炸或发生化学反应、产生有毒气体的爆炸物品、一级易燃物品、遇湿燃烧物品、剧毒物品不得露天堆放或在潮湿积水的建筑物中生产和储存；有毒物品应储存在阴凉、通风、干燥的场所，不得接近酸类物质。

④对生产和储存单位的工作人员应进行培训，经考核合格后持证上岗；应配备有专业知识的技术人员和管理人员，并配备可靠的个人防护用品；工作人员接收危险化学品时，应按操作程序工作，以消除储存中的事故隐患。

⑤储存的危险化学品应有明显的标志，标志应符合《危险货物包装标志》（GB 190—2009）的规定；同一区域储存两种或两种以上不同级别的危险品时，应按最高等级危险物品的性能标志；应根据危险物品的危险性分区、分类、分库储存。

⑥受日光照射能发生化学反应引起燃烧、爆炸、分解化合或能产生有毒气体的危险化学品应储存在一级建筑物中，其包装应采取避光措施。

⑦爆炸类物品不准和其他类物品同储，必须单独隔离限量储存；生产和储存单位不准建在城镇，还应与周围建筑、交通干道、输电线路保持一定安全距离。

⑧压缩气体和液化气体必须与爆炸性物品、氧化剂、易燃物品、自燃物品、腐蚀性物品等隔离储存；易燃液体、遇湿易燃物品、易燃固体不得与氧化剂混合储存，具

有还原性的氧化剂应单独存放；腐蚀性物品包装必须严密，不允许泄漏，严禁与液化气体和其他物品共存。

⑨易燃气体不得与助燃气体、剧毒气体同储；氧气不得与油脂混合储存；盛装液化气体的压力容器，必须安装压力表、安全阀、紧急切断装置，并定期检查，不得超装。

⑩化学危险品生产和储存单位应当根据消防法律法规要求，配备消防力量、灭火设施以及通信、报警装置；大型危险物品生产、储存单位应设有专职消防队，消防人员除了应具有一般消防知识和技能外，还应针对危险化学品种类、特性进行专门的技术知识培训。

（2）运输、装卸消防安全管理

1）行政管理。国家对危险化学品的运输实行资质认定制度；未经资质认定，不得运输危险化学品。运输危险化学品，必须按照国家危险货物运输管理规定办理，对托运危险物品必须出示有关证明，向指定的铁路、交通、航运等部门办理手续。托运物品必须与托运单上所列的品名相符，托运未列入国家品名表内的危险物品，应附交上级主管部门审查同意的技术鉴定书。对不符合规定的，发货人不许托运，运输部门不许承运。对质量检验或科学研究急需的少量易燃、易爆化学危险品的样品或试剂，在确保安全条件下，可按有关规定办理快件托运。通过公路运输危险化学品的，托运人只能委托有危险化学品运输资质的运输企业承运。通过公路运输剧毒化学品的，托运人应当向目的地的县级人民政府公安部门申请办理剧毒化学品公路运输通行证。托运人应当向公安部门提交有关危险化学品的品名、数量、运输始发地和目的地、运输路线、运输单位、驾驶人员、押运人员、经营单位和购买单位资质情况的材料。

2）消防安全要求。国家对危险化学品的运输实行资质认定制度，未经资质认定，不得运输危险化学品。用于危险化学品运输工具的槽罐以及其他容器，必须由专业生产企业定点生产，并经检测、检验合格，方可使用。质检部门应当对规定的专业生产企业定点生产的槽罐以及其他容器的产品质量进行定期的或不定期的检查。

①危险物品的装卸运输人员，应按照危险化学品的性质，佩戴相应的防护用品，装卸作业必须在装卸管理人员的现场指挥下进行。

②运输装卸应当遵守有关操作规定：轻拿轻放，防止撞击、拖拉和倾倒、碰撞；相互接触容易引起燃烧、爆炸或造成其他危险的危险化学品，以及化学性质或防护、灭火方法相互抵触的危险化学品，在装运时，应当采取隔热、防潮措施；在用机械吊装作业时，应防止高空散落，发生危险；不得损毁包装容器，并注意标志，堆放稳妥。

③运输工具必须符合安全要求：禁止用电瓶车、翻斗车、铲车、自行车等运输爆炸物品或易燃、易爆液化气体等危险物品；运输强氧化剂、爆炸品及用铁桶包装的一级易燃液体时，没有采取可靠的安全措施，不得用铁底盘车及汽车挂车；放射性物品应用专用运输搬运车和抬架搬运，装卸机械应按规定降低负荷；用于危险化学品运输工具的槽

罐以及其他容器、必须由专业生产企业定点生产，并经检测、检验合格后方可使用；槽罐以及其他容器必须封口严密，能够承受正常运输条件下产生的内部压力和外部压力，保证危险化学品在运输中不因温度、湿度或者压力的变化而发生任何渗（洒）漏。

④温度较高地区装运液化气体和易燃液体等危险物品，要有防晒设施；如遇有闪电雷击、雨雪天气，应立即关闭车厢、船舱门，停止作业；夜间作业不准使用明火灯具，应用防爆灯具；在装卸可燃易燃液体、气体时，其管道、设备上应装有导除静电的装置。

⑤通过公路运输危险化学品，不得超装、超载，不得进入危险化学品运输车辆禁止通行的区域；确需进入禁止通行区域的，应当事先向当地公安部门报告，由公安部门为其制定行车时间和路线，运输车辆必须遵守公安部门规定的行车时间和路线；车辆通过市区时，应当遵守规定的行车时间和路线，中途不许随意停车，尤其不可在繁华街道行驶和停留；需要停车住宿或者遇有无法正常运输的情况时，应当向当地公安部门报告；运输危险物品的车辆，必须保持安全车速，保持车距，严禁超车，超速和强行会车；运输危险化学品的车辆应专车专用，指派专人押运，押运人员不得少于2人；其排气管应装阻火器，并悬挂“危险品”标志。

⑥作业人员不得携带火种或穿带铁钉的鞋进入作业现场；危险物品装卸前，应对搬运工具进行必要的通风和清扫，不得留有残渣，对装有剧毒物品的车，卸车后必须洗刷干净；运输散装固体危险物品，应根据性质，采取防火、防爆、防水、防粉尘飞扬和遮阳等措施。

⑦运输危险化学品的驾驶员、船员、装卸人员和押运人员必须了解所运载的危险化学品的性质、危害特性、包装容器的使用特性以及发生意外时的应急措施；运输危险化学品，必须配备必要的应急处理器材和防护用品。

⑧装运时不得客货混装；载客的火车、船舶、飞机机舱不得装运危险化学品；禁止乘客随身携带、夹带化学危险物品乘坐交通工具；禁止无关人员搭乘装运化学危险品的车、船和飞机。

（3）经营消防安全管理

1）行政管理。国家对危险化学品经营销售实行许可制度。未经许可，任何单位和个人都不得经营销售危险化学品。

经营剧毒化学品和其他危险化学品的，应当分别向省、自治区、直辖市人民政府安全生产监督管理部门或者设区的市级人民政府负责危险化学品安全监督管理综合工作的部门提出申请，并附送《危险化学品安全管理条例》规定条件的相关证明材料；省、自治区、直辖市人民政府安全生产监督管理部门或者设区的市级人民政府负责危险化学品安全监督管理综合工作的部门接到申请后，应当依照《危险化学品安全管理条例》规定对申请人提交的证明材料和经营场所进行审查；经审查，符合条件的，颁发危险化学品经营许可证，并将颁发危险化学品经营许可证的情况通报同级公安部门和环境保护部门；不符合条件的，书面通知申请人并说明理由。

申请人凭危险化学品经营许可证向工商行政管理部门办理登记注册手续。《危险化学品经营企业的开业条件和技术要求》（GB 18265—2000）、《危险化学品经营许可证管理办法》（2002 年 10 月 8 日原国家经济贸易委员会令第 36 号令公布）规定了危险化学品经营销售单位应当具备的基本条件。

2）消防安全要求：

①经营和储存场所、设施、建筑物符合国家标准《建筑设计防火规范》（GB 50016—2014）、《爆炸危险场所安全规定》（劳部发〔1995〕56 号）和《仓库防火安全管理规则》（1990 年 4 月 10 日公安部令第 6 号发布）等规定，建筑物应当经公安消防机构验收合格。

②危险化学品经营企业的经营场所应坐落在交通便利，便于疏散处；店面应与繁华商业区或居住人口稠密区保持 500 m 以上距离，经营面积不少于 60 m^2，店内不得设有生活设施；店内显著位置应设有“禁止明火”等警示标志，放置有效的消防、急救安全设施。

③备货库房应报公安、消防部门批准；从事危险化学品批发业务的企业，应具备经县级以上（含县级）公安、消防部门批准的专用危险品仓库；所经营的危险化学品不得存放在业务经营场所；危险化学品商店内只能存放民用小包装的危险化学品，其总量不得超过国家规定的限量。

④单位主要负责人和主管人员、安全生产管理人员和业务人员应经过专业培训，并经考核，取得上岗合格证书方能从事经营活动。

⑤经营剧毒物品企业的人员，除取得合格证书外，还应经过县级以上（含县级）公安部门的专门培训，取得合格证书方可上岗。

⑥有健全的安全管理制度和岗位安全操作规程以及事故应急救援预案。

复习思考题

1. 火灾隐患的含义是什么，如何分级？
2. 常见的消防安全检查形式有哪些？
3. 定期消防安全检查的内容和要求分别是什么？
4. 消防安全宣传的主要内容和形式是什么？
5. 消防安全教育培训的主要内容和形式是什么？
6. 简述电气火灾的原因及预防措施。
7. 什么是危险化学品？如何分类？
8. 简述危险化学品生产、储存消防安全管理。

技能实训四　火灾隐患排查

一、实训目的

通过实训，在工作中会进行日常火灾隐患排查。

二、实训内容

1. 火源的防火巡查——通过实物或图片逐一介绍

(1) 火源的巡查：明火焰、高温物体、电火花、撞击与摩擦火花、光线照射与聚焦、化学反应放热。

(2) 各种违章行为：电源线是否破损，插销、插座是否符合消防安全规定；电源开关、灯具是否符合安全要求；烟道内的油垢是否过多；热水器是否正确安装；地下停车场是否有其他使用现象；是否有车辆漏油；是否违章使用液化石油气；是否存在吸烟，宿舍内乱拉临时电线现象；工地临时用电接线是否符合消防安全。

2. 安全疏散设施的巡查——通过实物摆放、实地现场巡查等方法实现

(1) 对各种安全疏散标志进行识别。

(2) 对各种安全疏散标志进行摆放，包括安装位置、指示方向等是否正确。

(3) 安全出口是否畅通。

(4) 疏散通道有无堵塞。

3. 消防车通道的巡查

(1) 对消防车通道进行识别。

(2) 消防车通道有无堵塞。

三、实训条件

具有多个火灾隐患的建筑物或场所进行火灾隐患排查。

四、方法与步骤

(1) 布置任务，要求学生清楚了解火灾隐患排查实践性教学中所需达到的学习效果，明确关注实训重点、实训目的、实训方法和步骤。

(2) 学生分组，建议5人一组，分工明确，选一名组长，负责协调、组织工作。

(3) 以组为单位，学生查阅相关资料，做好火灾隐患排查前的准备工作。

(4) 每组学生讨论并形成实训方案。

(5) 教师审核学生实训方案，提出修改意见。

(6) 每组学生再次根据教师意见补充材料、完善实训方案。

五、实训要求

(1) 实训前，指导教师根据学生实际情况，认真备课，制作完善、周密的实训方案。

(2) 要求全体学生参加实训活动，高度重视消防监督检查工作，充分认识检查的重要性，全面排查火灾事故隐患。

(3) 在实训过程中，做好记录，并在实训结束后进行个人评价，做出小结，完成实训报告。

(4) 指导教师要对实训过程中表现好的方面给予肯定，对存在的不足，应给出相应的解决方法，并对每个学生的实训过程进行评价。

六、注意事项

实训过程中应注意安全。

技能实训五　消防安全检查

一、实训目的

通过实训，能够在工作中进行定期消防安全检查。

二、实训内容

1. 消防应急照明灯进行自检测试

不拔插销（不断电），按“操作”或“检验”键，灯亮，说明正常；②拔掉插销（断电），灯亮，说明正常。

2. 各类防火分隔设施进行功能测试

(1) 防火门的门扇、闭门器是否完好。

(2) 防火门闭合后是否能隔火、隔烟。

(3) 常开防火门能否自动关闭，带闭门器的防火门是否按顺序关闭。

(4) 防火门前是否堆放物品。

(5) 防火卷帘下是否堆放杂物。

(6) 防火卷帘控制面板、门体是否完好无损。

(7) 防火卷帘能否正常起落。

(8) 安装在疏散通道上的防火卷帘，应在一个感烟探测器报警后，下降至距地面1.8 m处停止，另一个感温探测器报警后，卷帘应继续下降至地面，并向火灾报警控制器反馈信号。

(9) 防火卷帘所对应的烟感、温感探头是否完好无损。

3. 灭火器进行外观检查

(1) 铅封应完整。

(2) 压力表指针应在绿区。

(3) 灭火器可见部位防腐层应完好，无锈蚀。

(4) 灭火器可见零部件应完整、有无松动、变形、锈蚀和损坏。

（5）喷嘴及喷射软管应完整，无堵塞。

（6）有无合格证。

4. 室内消火栓的消防检查

（1）室内消火栓、水枪、水带、消防水喉是否齐全完好，有无生锈，漏水，接口垫圈是否完整无缺，并进行放水检查，检查后及时擦二，在消火栓阀杆上加润滑油。

（2）消防水泵在火警后能否正常供水。

（3）报警按钮、指示灯及报警控制线路功能是否正常，无故障。

（4）检查消火栓箱及箱内配装有消防部件的外观有无损坏，涂层是否脱落，箱门玻璃是否完好无损。

（5）日常检查时如发现室内消火栓四周放置影响消火栓使用的物品，应进行清除。

三、实训条件

消防设施较齐全的建筑物或场所进行消防安全检查。

四、方法与步骤

（1）布置任务，要求学生清楚了解火灾隐患排查实践性教学中所需达到的学习效果，明确关注实训重点、实训目的、实训方法和步骤。

（2）学生分组，建议5人一组，分工明确，选一名组长，负责协调、组织工作。

（3）以组为单位，学生查阅相关资料，做好火灾隐患排查前的准备工作。

（4）每组学生讨论并形成实训方案。

（5）教师审核学生实训方案，提出修改意见。

（6）每组学生再次根据教师意见补充材料、完善实训方案。

五、实训要求

（1）实训前，指导教师根据学生实际情况，认真备课，制作完善、周密的实训方案。

（2）要求全体学生参加实训活动，高度重视消防监督检查工作，充分认识检查的重要性，全面进行消防安全检查。

（3）在实训过程中，做好记录，并在实训结束后进行个人评价，做出小结，完成实训报告。

（4）指导教师要对实训过程中表现好的方面给予肯定，对存在的不足，应给出相应的解决方法，并对每个学生的实训过程进行评价。

六、注意事项

实训过程中应注意安全。

第五章
初起火灾处置

本章学习目标

1. 了解灭火剂的分类。
2. 会对简单场所进行灭火器配置。
3. 会用灭火器处置初起火灾。
4. 会用室内消火栓处置初起火灾。
5. 能够正确识别报警主机上的火警信息，并正确处置。

第一节　灭　火　剂

灭火剂是指能够有效地破坏燃烧条件，使燃烧中止的物质和材料。灭火剂对不同物质燃烧过程作用的机理，其物理化学性质和性能，直接关系到灭火剂发挥最大效用，是该类灭火器配置的重要前提条件。

灭火剂按应用状态可分为：气体灭火剂、液体灭火剂和固体灭火剂。

一、气体灭火剂

气体灭火剂可分为二氧化碳灭火剂、氮气灭火剂、卤代烷灭火剂，如图 5—1 所示为充装了气体灭火剂的钢瓶组。

1. 二氧化碳灭火剂

二氧化碳是目前广泛使用的灭火剂之一，适用于扑救气体火灾，甲、乙、丙类液体火灾，电气设备、精密仪器、贵重设备火灾，图书档案火灾和一般固体物质火灾。二氧化碳灭火剂的缺点是灭火浓度大、高压储存的压力太高、低压储存时需要制冷设备、膨胀时能够产生静电放电等。

图 5—1 气体灭火剂钢瓶组

（1）理化性质

二氧化碳是一种不燃烧、不助燃的惰性气体。常温常压下，纯净的二氧化碳是一种无色、无味的气体，对空气的比重为 1.52，比空气重，可有三种物理状态：气态、液态和固态。

（2）灭火原理

二氧化碳灭火剂灭火原理主要是窒息作用。当燃烧区的含氧量低于 12%或二氧化碳浓度达到 30%~35%时，绝大多数的燃烧就会熄灭。由于二氧化碳本身具有毒性，因此，二氧化碳主要适用于无人或人员较少且易快速逃生的场所。

（3）应用范围

二氧化碳本身无腐蚀性、不导电，对绝大多数物质无破坏作用，灭火后能很快逸散，不留痕迹。因此，二氧化碳灭火剂适合扑救电气火灾，精密仪器和贵重设备火灾以及图书档案资料；不适合扑救无空气仍能燃烧的化学物火灾；活泼金属火灾；内部阴燃纤维物火灾；能自燃分解过氧化物等火灾。

注意：在使用液态二氧化碳灭火剂时，要有防止造成冻伤的危险。

2. 氮气灭火剂

氮气作为惰性气体灭火剂，主要用于变压器火灾扑救，称为“排油搅拌防火系统”，以及作为气体灭火系统的加压气体。

（1）理化性质

氮气分子式为：N_2，是一种无色、无味、无毒、无腐蚀、不导电的惰性非燃气体，其密度近似等于空气密度，分子量为 28，沸点为-195.8℃，气体密度（20℃）为 1 251 kg/m^3。

（2）灭火原理

对于大多数可燃物燃烧时，将氮气注入着火区域，当着火区域中的氮气浓度达到 35%~50%时，并使该区域中氧含量体积浓度降至 10%~14%，燃烧就会惰化而终止。

氮气在灭火过程中不会分解，没有分解产物，因此灭火过程洁净，不留痕迹，对仪器、设备无损害。

（3）应用范围

氮气灭火剂适宜扑救地下、仓库、地铁、隧道、控制室、计算机房、图书馆、通信设备、变电站、古迹文物等场所。尽管氮气来源广泛，价格低廉，但由于氮气灭火原理是需要降低着火区域氧含量来达到灭火目的，因此，氮气主要适用于无人或人员较少且易快速逃生的场所。

3. 卤代烷灭火剂

（1）理化性质

卤代烷（Halon，哈龙）是以卤素原子取代烷烃分子中的部分或全部氢原子后得到的一类有机化合物的总称。卤代烷灭火剂是卤代碳氢化合物，它具有灭火快、用量省、空间淹没好、洁净、不导电、储存期长等优点。目前，国内使用最多的卤代烷灭火剂有 1211、1301、1202 和 2402。

（2）灭火原理

卤代烷灭火剂是以液态充装在容器里，灭火时靠动力气（氮气或二氧化碳）将卤代烷灭火剂喷射到燃烧区，由于燃烧高温的作用使卤代烷灭火剂中的卤素活性游离基分解出来，与燃烧所必需的活性游离基 OH^-、H^+ 等生成稳定的水分子或低活性游离基等，使燃烧过程链锁反应终止。如二氟一氯一溴甲烷，分子式为：$CBrClF_2$，与活性游离基 H 反应的分子结构式为：

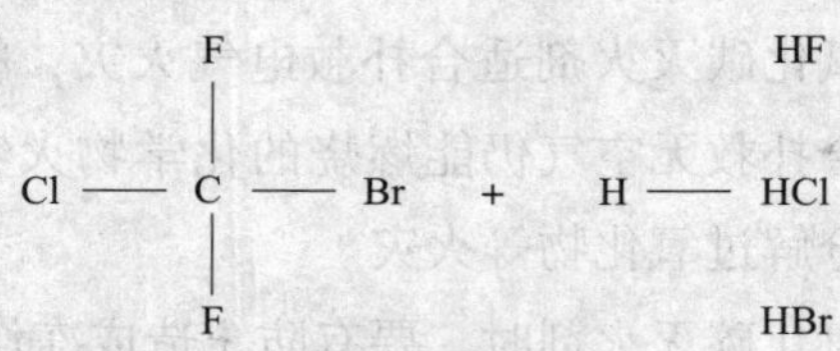

卤代烷灭火剂直接作用于燃烧的化学反应区最有效。由于中性气体和化学活性抑制剂以气态方式进行作用，而且气体总是均匀的散布到整个周围空间，所以灭火剂主要被用于扑救封闭的体积空间、建筑物、房间、构筑物等。卤代烷灭火剂基本上用于扑救内部火灾的固定装置，充填已发生火灾的整个房间，需要使其浓度达到或超过灭火浓度。同时，必须考虑到气体与燃烧产物通过不严处的漏失量以及中性气体在被保护空间分布的不均衡性和其他因素等。在有中性气体或过热蒸汽的地方，卤代烷灭火剂往往被用来扑救精馏塔、工艺装置和其他工业的露天火灾。某些卤代烃具有较高毒性（特别是其热解产物），所以不能用于扑救有人员的场所的火灾。

（3）应用范围

卤代烷灭火剂适合扑救各种气体火灾、液体火灾和固体火灾以及带电火灾；不适合扑救无空气仍能燃烧的化学物火灾、活泼金属火灾、内部阴燃纤维物火灾、能自燃分解过氧化物等火灾。

由于卤代烷灭火剂对大气臭氧层有破坏作用，根据全球环保协定《蒙特利尔议定书》及其他保护大气臭氧层的国际公约，占据气体灭火产品领域主导位置数十年之久的卤代烷灭火剂（1211、1301 等，俗称“哈龙”）被禁止生产和使用。我国于 2004 年完全停止“哈龙”生产，并基本实现完全停止哈龙使用。目前，新研制的卤代烷灭火剂替代品主要有：七氟丙烷、气溶胶、细水雾等。

二、液体灭火剂

1. 水灭火剂

（1）理化性质

1）水的形态、冰点、沸点。纯净的水是无色、无味的透明液体。水在 1 个大气压（105 Pa）时，温度在 0℃以下为固体，0℃为水的冰点。在 0～100℃之间为液体，100℃以上为气体（气态水），100℃为水的沸点。

2）水的比热。把单位质量的水升高 1℃所吸收的热量，叫作水的比热容，简称比热，水的比热为 4.2×10^3 J/（kg・℃）。

3）水的汽化热。在一定温度下单位质量的水完全变成同温度的气态水（水蒸气）所需的热量，叫作水的汽化热（水从液态转变为气态的过程叫作汽化，水表面的汽化现象叫作蒸发，蒸发在任何温度下都能进行）。

4）冰（固态水）的溶解热。单位质量的冰在熔点时（0℃）完全溶解为同温度的水所需的热量，叫作冰的溶解热。

5）水的密度。在一个大气压下（105 Pa），温度为 4℃时，水的密度为最大 1 g/cm^3，当温度低于或高于 4℃时，其密度均小于 1 g/cm^3。

6）水的压强。水对容器底部和侧壁都有压强（单位面积上受的压力叫作压强），水内部向各个方向也有压强。在同一深度，水向各个方向的压强相等，深度增加，水压强增大。水的密度增大，水压强也增大。

7）水的浮力。水对物体向上和向下的压力差就是水对物体的浮力。浮力总是竖直向上的。

8）水的硬度。水的硬度是指水中含有的钙、镁、锰离子的数量（一般以碳酸钙来计算）。水的硬度单位：mg/L（毫克/升），mmol/L（毫克当量/升），GPG（格令/加仑）等。

9）水的 pH 值：pH 值是指水的酸碱度，表示水中 H^+ 和 OH^- 的含量比例（范围为 0～14）。

10）固体溶解物含量（TDS）。TDS 是指水中溶解的所有固体物的含量，单位为 mg/L 或 PPM。TDS 越低，表示水越纯净。

11）电导率（CND）。水的电导率（CND）是指通过水的电流除以水两边的电压差，表示水溶液传导电流的能力，其大小间接反映了水中溶解性盐类的总量，也反映了水中矿物质的总量。

12）范德华引力。对一个水分子来说，它的正电荷中心偏在两个氢原子的一方，而负电荷中心偏在氧原子一方，从而构成极性分子。当水分子相互接近时，异极间的引力大于距离较远的同极间的斥力，这种分子间的相互吸引的静电力称为范德华引力。

13）水的表面张力。水的表面存在着一种力，使水的表面有收缩的趋势，这种水表面的力叫作表面张力。

（2）灭火原理

水是最常用的灭火剂，据不完全统计 80% 火灾是用水扑救的，主要原因除了水是普遍存在并且获取简便之外，作为灭火剂还具有以下的主要特点：

1）水具有冷却作用。由于水的热溶量和汽化热很大，可以大量的吸收燃烧物的热量。

2）水具有窒息作用。1 kg 水可以生成 1 700 L 水蒸气。大量水蒸气可以阻止空气进入燃烧区，从而降低氧气的含量。当空气中的水蒸气体积含量达到 35%，燃烧就会终止。

3）水还具有水力冲击作用。经射水器具（尤其是直流水枪）喷射形成的水流有很大的冲击力，密集水流可以有效地冲散火焰，使燃烧强度显著地减弱，直至熄灭。

4）水具有稀释作用。水本身是一种良好的溶剂，可以溶解水溶性甲、乙、丙类液体，如醇、醛、醚、酮、酯等。因此，当此类物质起火后，如果容器的容量允许或可燃物料流散，可用水予以稀释，使燃烧减弱。

5）水具有乳化作用。非水溶性可燃液体的初起火灾，在形成热波之前，以较强的水雾射流（或滴状射流）灭火，可在液体表面形成“油包水”型乳液，乳液的稳定程度随可燃液体黏度的增加而增加，重质油品甚至可以形成含水油泡沫。水的乳化作用可使液体表面受到冷却，使可燃气体产生的速率降低，致使燃烧中止。

（3）应用范围

不同形态的水灭火效果不同，可分为：直流水、开花水（水滴直径大于 100 μm）和喷雾水（100 μm 以下）。直流水、开花水适合扑救一般固体火灾，阴燃物质火灾；喷雾水适合扑救电气火灾。水不适合扑救遇水燃烧物质火灾，不适合扑救易溶于水的物质火灾。

2. 泡沫灭火剂

凡能够与水预溶，并可通过机械方法或化学反应产生灭火泡沫的灭火剂均称为泡沫灭火剂。

（1）泡沫灭火剂分类

根据泡沫的生成机理，泡沫灭火剂可分为：化学泡沫灭火剂和空气泡沫灭火剂。化学泡沫灭火剂能够产生二氧化碳，具有熄火作用；空气灭火剂主要产生空气。

按照发泡倍数泡沫灭火剂可分为：低倍数泡沫（20 倍以下）、中倍数泡沫（20~200 倍）、高倍数泡沫（200~1 000 倍）。

低倍数泡沫灭火剂按照发泡剂的类型和用途分为：蛋白泡沫、氟蛋白泡沫、水成膜泡沫、抗溶性泡沫和合成泡沫。

（2）灭火原理

泡沫是一种体积较小，表面被液体包围的气泡群，由于泡沫密度小于一般可燃液体密度，可以浮于液体表面，形成泡沫覆盖层，使燃烧物表面与空气隔离。加上泡沫本身的黏性，可黏附于一般固体表面，具有冷却和稀释燃烧物的作用。

泡沫灭火剂适合扑救油类火灾，不适合扑救遇水燃烧物质火灾。

三、固体灭火剂

固体灭火剂又称干粉灭火剂、化学粉末灭火剂，是一种干燥的，易于流动的固体粉末，主要成分为：碳酸氢钠、碳酸氢钾、磷酸二氢铵、硫酸钾、氯化钾等，为不同种类干粉灭火剂的基料，并加入流动剂和防结块剂等组成。干粉灭火剂分为：普通干粉灭火剂和多用干粉灭火剂。充装干粉灭火剂的手提式和推车式干粉灭火器如图 5—2 所示。

普通干粉灭火剂，又称 BC 灭火剂，用于扑救可燃液体火灾、可燃气体火灾和带电设备火灾，不适用扑救一般固体火灾。多用干粉灭火剂，又称 ABC 灭火剂，用于扑救可燃液体火灾、可燃气体火灾和带电设备火灾，而且适用扑救一般固体火灾。

图 5—2　手提式和推车式干粉灭火器

干粉灭火剂灭火原理：对燃烧有抑制作用。概括讲干粉粉粒与燃烧物接触时，把火焰中的活性基团 OH^- 和 H^+ 结合成不活泼的水，使火焰中的活性基团不断消耗。所以，干粉的这种灭火作用又被称为抑制作用。

四、哈龙替代灭火剂

哈龙替代灭火剂主要有七氟丙烷、气溶胶灭火剂等。

1. 七氟丙烷灭火剂

七氟丙烷（HFC—227ea）是一种以化学灭火为主，兼有物理灭火作用的洁净气体灭火剂。它无色、无味、无毒、不导电、不污染被保护对象，特别是对大气臭氧层无破坏作用，符合环保要求，是卤代烷灭火剂在现阶段比较理想的替代物。该灭火剂的灭火效能高、速度快、无二次污染。充装七氟丙烷灭火剂的灭火器如图 5—3 所示。

（1）理化性质

七氟丙烷分子式：CF_3CHFCF_3，分子量：170，沸点 -16.4℃，凝固点-131℃，液体密度（20℃）1 407 kg/m^3，饱和蒸汽密度（20℃）31.176 kg/m^3，ODP 值 0。

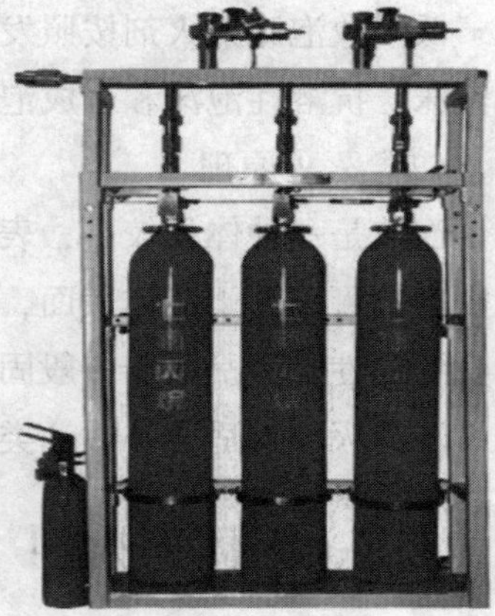

图 5—3　七氟丙烷灭火器

（2）灭火原理

七氟丙烷作为灭火剂其灭火过程要通过物相的改变，由液相到气相再经分解来完成，其灭火是物理和化学共同作用：物理作用主要是冷却；化学作用主要是卤素原子活性基中以氟（F）自由基半径最小，捕捉燃烧中活性基 H^+、OH^- 的能力较哈龙低，加之产生 HF 稳定分子，不像 HBr 和 HCl 能再次捕捉活性基 H^+、OH^- 的作用，所起到的燃烧断链作用较小。故七氟丙烷的化学灭火作用低于哈龙 1301、1211。

（3）应用范围

七氟丙烷主要适用于保护数据中心、电信通信设施、过程控制室、高价值工业设备区、图书馆、博物馆、美术馆、易燃液体储存区场所。该灭火剂不适合扑救活泼金属火灾以及金属氧化物火灾。

2. 气溶胶灭火剂

（1）气溶胶性质

前苏联科学家将军工技术移植到消防领域，制造出一种新型灭火材料——气溶胶灭火剂。经过不断研究开发，目前在俄罗斯已形成系列产品。美国、德国、日本、加拿大等国在这段时间内也相继开发出气溶胶灭火产品并予以推广使用。中国在 20 世纪 60 年代中期就开始了这方面的研究，到 90 年代初期从俄罗斯引进该项技术并于以消化，研制出具有自己特色的气溶胶灭火装置。后经不断改进提高，发展十分迅猛。现在，气溶胶灭火技术在国内正在不断推广和发展。由于气溶胶灭火产品是一种有效的具有最小影响的灭火剂，具有系统简单、造价低廉，无腐蚀、无污染、无毒无害、对臭氧层无损耗、残留物少、高速高效、全淹没全方位灭火、应用范围广等优点，因而发展很快，已被众多专业人士认定为哈龙产品的理想替代品。

在人们常见的物质三态：固体、液体、气体之外还存在三类相对稳定的物质，它们以一种状态的物质为分散介质，另一种（或两种）状态的物质为分散相而组成的融合的物系，称为溶胶，从而成为固溶胶、液溶胶、气溶胶。

气溶胶是指以固体或液体为分散相而气体为分散介质所形成的溶胶，也就是固体或液体的微粒（直径为0.001～100 μm）悬浮于气体介质中形成的溶胶。气溶胶与气体物质同样具有流动扩散特性及绕过障碍物淹没整个空间的能力，因而可以迅速地对被保护物进行全淹没方式防护。

气溶胶可分为：分散相中固体微粒占绝大部分的固相气溶胶和液体微粒占绝大部分的液相气溶胶两大类。例如常见的烟气类似是于固相气溶胶，而雾则类似是于液相气溶胶。

气溶胶的生成有两种方法：一种是物理方法即采用将固体粉碎研磨成微粒再用气体予以分散形成气溶胶；另一种是化学方法，通过固体的燃烧反应，使反应产物中既有固体又有气体，气体分散固体微粒形成气溶胶。

（2）灭火机理

1）吸热分解的降温灭火作用。灭火剂气溶胶中的固体微粒主要是金属氧化物，进入燃烧区内，它们在高温下分解，其分解过程全是强烈的吸热反应，因而能大量吸收燃烧产生的热量，使火区温度迅速下降，致使燃烧过程中断，火焰熄灭。

2）气相化学抑制作用。在上述分解反应中气溶胶微粒离解出的金属物质能以蒸气或阳离子的形式存在于燃烧区，在瞬间它与燃烧产物中的活性基团 H^+、OH^- 发生多次链式反应。消耗活性基团和抑制活性基团之间的放热反应，从而对燃烧反应起到抑制作用，实现灭火机能。

3）固相化学抑制作用。在燃烧区内被分解和气化的气溶胶的固体微粒只是一部分。未被分解和气化的固体微粒因为其颗粒直径很小，具有很大的比表面和表面积能，因而在与燃烧产物中的活性基团的碰撞过程中，被瞬时吸附并发生化学作用。由于反应的反复进行，能够起到消耗活性基团的目的，对燃烧链式反应起到抑制阻断作用，使燃烧终止。

4）对于某些固体微粒含量较低的气溶胶则是依靠其气体中含有较高比例的 CO_2，N_2 等惰性气体和气化 H_2O 的物理窒息为主要灭火方式，气溶胶中含有少量的固体微粒（金属氧化物）则综合上述三种作用，提高灭火效率，加快灭火速率的作用。

气溶胶灭火剂可以分为两种类型：一种是气溶胶释放前，气体分散介质与被分散介质是稳定存在的，气溶胶灭火剂的释放就是气体分散液体或固体灭火剂而形成气溶胶的过程；另一种是经过燃烧反应来释放气溶胶，反应产生物中既有固体（或液体）又有气体，气体分散固体（或液体）微粒而形成气溶胶，因而有人将之称为“气溶胶发生剂”。

3. 细水雾灭火剂

“细水雾”是相对于“水喷雾”的概念，所谓的细水雾，是使用特殊喷嘴、通过高压喷水产生的水微粒。在美国消防协会规范 750（NFPA 750）中，细水雾的定义是：在最小设计工作压力下，雾滴的积累体积分布 $Dv_{0.99}$ 不大于 1 000 μm 的水雾。

（1）理化性质

按水雾中水微粒的大小，细水雾分为 3 级：第 1 级细水雾为细水雾雾滴直径分级图中 $Dv_{0.1}$ = 100 μm 同 $Dv_{0.9}$ = 200 μm 连线的左侧部分，这些代表最细的水雾。

第 2 级细水雾，是第 1 级细水雾的界限与 $Dv_{0.1}$ = 200 μm 同 $Dv_{0.9}$ = 400 μm 连线之间的部分。这种细水雾可由高压喷嘴、双流喷嘴或许多冲撞式喷嘴产生。由于有较大的水微粒存在，相对于 1 级细水雾，2 级细水雾更容易产生较大的流量。

第 3 级细水雾为 $Dv_{0.9}$ 大于 400 μm，或者第 2 级细水雾分界线右侧至 $Dv_{0.99}$ = 1 000 μm 之间的部分。这种细水雾主要由中压、小孔喷淋头、各种冲击式喷嘴等产生。

研究表明，扑灭 B 类火灾水雾颗粒小于 400 μm 是必需的，而较大的颗粒对于 A 类火灾是有效的，这是由于燃料被浸湿。正因为如此，细水雾的定义包括了 $Dv_{0.99}$ 为 1 000 μm。在 NFPA 750 中定义的细水雾，既包含了 NFPA 15 中定义的一部分水喷雾系统，又包含了在高压状态下普通喷淋系统产生的水雾。一般情况下，细水雾是指 $Dv_{0.9}$ 小于 400 μm 的水雾。

（2）灭火原理

细水雾灭火系统成功的关键，是增加单位体积水微粒的表面积。水微粒子化以后，即使同样体积的水，也可使总表面积增大。而表面积的增大，更容易进行热吸收，冷却燃烧反应。吸收热的水微粒容易汽化，体积增大约 1 700 倍。由于水蒸气的产生，既稀释了火焰附近氧气的浓度，窒息了燃烧反应，又有效地控制了热辐射。可以认为，细水雾灭火主要是通过高效率的冷却与缺氧窒息的双重作用。

（3）应用范围

按不同的标准细水雾系统可分为下列类型：

低压系统，工作压力小于 12.1 bar（175 psi）；中压系统，工作压力为 12.1 bar（175 psi）~34.5 bar（500 psi）；高压系统，工作压力大于 34.5 bar（500 psi）。

局部应用系统，主要用于保护如蒸气涡轮机组轴承，炼油厂的热油泵等；全淹没系统，主要用于保护整个防护区，如燃气涡轮机组机房等。

预制系统，如压缩气体钢瓶驱动的双流系统，钢瓶及水罐有若干种规格，都是在工厂加工好的，设计中根据防护区面积的大小来选择；工程系统，其构成和工作方式类似常规的雨淋系统。

第二节　火灾类型与危险等级

一、火灾类型

根据我国现行标准《火灾分类》（GB/T 4968—2008）将火灾分为6类：

A类火灾：固体物质火灾。例如木材、棉、毛、麻、纸张及其制品等燃烧引起的火灾。

B类液火灾：液体火灾或可熔化固体物质火灾。例如汽油、煤油、柴油、原油、甲醇、乙醇、石蜡等燃烧引起的火灾。

C类火灾：气体火灾。例如煤气、天然气、甲烷、乙烷、丙烷、氢气等燃烧引起的火灾。

D类火灾：金属火灾。例如钾、钠、镁、钛、锆、锂、铝镁合金等燃烧引起的火灾。

E类火灾：带电火灾。物体带电燃烧火灾。例如发电机房、变压器室、配电间、仪器仪表间和电子计算机房等，在燃烧时不能及时或不宜断电的电气设备带电燃烧引起的火灾。

F类火灾：烹饪器具内的烹饪物（如动植物油脂）火灾。

需要说明的是：上述场所中的设备在燃烧时仍旧带电的火灾，必须用能达到电绝缘性能要求的灭火器来灭火，对于那些仅有常规照明线路和普通照明灯具，而且并无上述电气设备的普通建筑场所，可不按E类火灾的规定配置灭火器。

二、危险等级

1. 按工业建筑划分

按工业建筑危险等级分为严重危险级、中危险级和轻危险级，见表5—1、表5—2。

表5—1　　工业建筑危险等级及主要特征

危险等级	主要特征
严重危险级	火灾危险性大，可燃物多，起火后蔓延迅速或容易造成重大火灾损失的场所
中危险级	火灾危险性较大，可燃物较大，起火后蔓延较迅速的场所
轻危险级	火灾危险性较小，可燃物较少，起火后蔓延较缓慢的场所

注：工业建筑包括厂房及露天、半露天生产装置区和库房及露天、半露天堆场等。

表 5—2　　生产、储存火灾危险类别与危险等级的对应关系

配置场所＼危险等级	严重危险级	中危险级	轻危险级
厂房	甲、乙类物品生产场所	丙类物品生产场所	丁、戊类物品生产场所
库房	甲、乙类物品储存场所	丙类物品储存场所	丁、戊类物品储存场所

2. 按民用建筑划分

按民用建筑危险等级分为：严重危险级、中危险级和轻危险级，见表 5—3。

表 5—3　　民用建筑危险等级及主要特征

危险等级	主要特征
严重危险级	功能复杂，用电用火多，设备贵重，火灾危险性大，可燃物多，起火后蔓延迅速或容易造成重大火灾损失的场所
中危险级	用火用电较多，火灾危险性较大，可燃物较多，起火后蔓延较迅速的场所
轻危险级	用火用电较小，火灾危险性较小，可燃物较少，起火后蔓延较缓慢的场所

英国（BC 5306）、美国（FNPA 10）和澳大利亚（AS 2444）等国家的建筑灭火器配置设计技术法规和国际标准（ISO11602）等都将建筑场所划分为三个危险等级，即：严重危险等级、中危险等级和轻危险等级，而且上述各国规范、标准划分危险等级的原则也基本相同，都是以建筑物生产、使用和储存的可燃物为主要保护对象，并以可燃物的火灾危险性和可燃物数量为主要考虑因素，结合起火后火灾蔓延速度和扑救难易程度等因素来划分危险等级。

这一划分与建筑本身的耐火等级并无直接关系，这是因为扑救建筑物中的大型建筑构件所发生的火灾，并非是仅能用于扑灭初起火灾的灭火器所能承担的任务。

3. 不同危险等级划分

建筑危险场所由严重危险级、中危险级、轻危险级依次降低。其危险因素主要有：使用性质、人员密集程度、可燃物数量、用火用电数量、火灾蔓延速度、火灾扑救难度等，见表 5—4。

表 5—4　　危险因素与危险等级对应关系

危险等级＼危险因素	使用性质	人员密集程度	可燃物数量	用火用电数量（频率）	火灾蔓延速度	火灾扑救难度
严重危险级	重要	密集	多	多（高）	迅速	大
中危险级	较重要	较密集	较多	较多（较高）	较迅速	较大

续表

危险因素 危险等级	使用性质	人员密集程度	可燃物数量	用火用电数量（频率）	火灾蔓延速度	火灾扑救难度
轻危险级	一般	不密集	较少	较少（较低）	较缓慢	较小

注：1. 使用性质重要场所是指首脑机关、使用设备及储存物资贵重场所。

2. 人员密集场所是指大型商场、超市、网吧、寺庙大殿、影剧院礼堂、体育馆场、歌舞娱乐放映游艺场所。

3. 可燃物数量（火灾荷载密度）：火灾荷载密度（即单位建筑面积上的火灾荷载）一般住宅楼为 35~60 kg/ m²；高级宾馆为 45~60 kg/m²。当火灾发生时，由于火灾荷载密度大，火势燃烧猛烈，燃烧持续时间长（根据日本有关实验证明：当火灾荷载密度为 60 kg/m² 时，其持续燃烧时间为 1.3 h）。

4. 用火用电数量（用火用电频率：单位时间内出现次数）如：一般家庭住宅厨房用火 3 次/天，而房间用电设备可能为连续或间断的（如：冰箱为连续用电设备、而空调为间断大功率用电设备，普通照明灯具为发热器具），所安装漏电或过载保护装置对电气线路和设备又有直接的有关。

5. 火灾蔓延速度：水平方向为 0.5~0.8 m/s；竖直方向为 3~5 m/s。

6. 火灾扑救难度：与建筑高度、建筑深度、消防水源、消防装备、消防供电情况等有关。

第三节　建筑灭火器配置

灭火器是指能在其内部压力作用下，将所充装的灭火剂喷出以扑救火灾，并由人力移动的灭火器具。灭火器担负的任务是扑救初起火灾。初起火灾范围小，火势弱，是扑救火灾的最佳时机。

一、建筑灭火器级别与选择

1. 灭火器级别

灭火器级别表示灭火器能够扑灭不同种类火灾的效能。目前，国际标准仅有 A 类、B（C）类两大系列级别。我国现行标准系列级别为：1A—10A；21B—297B。

2. 灭火器类型与灭火功效

（1）水型灭火器

分为清水灭火器、强化液灭火器等，具有冷却作用、稀释作用和冲击作用。水型灭火器一般不用来扑救可燃液体火灾、可燃气体火灾、带电设备火灾和轻金属火灾。水型灭火器也不宜用来扑救图书资料、文物档案、艺术作品、技术文献等物质的火灾。

（2）泡沫灭火器

分为蛋白泡沫（P）、氟蛋白泡沫（FP）、水成膜泡沫（S）、抗溶泡沫（AR）灭火器等，具有窒息作用、冷却作用。泡沫灭火器 MP 型手提式和 MPT 型推车式两种类型。泡沫灭火器除了能扑救一般固体物质火灾外，还能扑救油类等可燃液体火灾，但不能扑救带电设备和醇、酮、酯、醚等有机溶剂火灾。

（3）干粉灭火剂

分为碳酸氢钠、磷酸氨盐灭火器等，干粉粉粒具有吸附火焰活性基团形成不活泼的水，从而抑制火焰活性基团的作用。干粉灭火器是利用二氧化碳气体或氮气气体作为动力，将筒内的干粉喷出灭火的。干粉灭火器主要用来扑救石油及其产品、有机溶剂等易燃液体、可燃气体和电气设备的初起火灾。

（4）卤代烷灭火剂

分为 1211、1301、七氟丙烷灭火器等，卤代烷分解出的活性游离基参与形成燃烧稳定分子，使燃烧过程链锁反应终止。目前国产的只有 1211 灭火器和 1301 灭火器，有手提式和推车式两种。

（5）其他灭火器

如二氧化碳灭火器（当空气中达到 30%～35%就会使火焰熄灭）等。

3. 火灾种类与灭火器选择

火灾种类与灭火器选择如表 5—5 所示。

表 5—5　不同火灾种类的灭火器的选择

火灾种类	灭火器选择	备注
A 类火灾	水型灭火器、磷酸铵盐干粉灭火器、泡沫灭火器或卤代烷灭火器	非必要场所不应配置卤代烷灭火器
B 类火灾	泡沫灭火器、磷酸氢钠干粉灭火器、磷酸铵盐干粉灭火器、二氧化碳灭火器	灭 B 类火灾水型灭火器或卤代烷灭火器；极性溶剂 B 类火灾用 B 类火灾抗溶性灭火器
C 类火灾	磷酸铵盐干粉灭火器、磷酸氢钠干粉灭火器、二氧化碳灭火器、卤代烷灭火器	非必要场所不应配置卤代烷灭火器
D 类火灾	金属火灾专用灭火器	
E 类火灾	磷酸铵盐干粉灭火器、磷酸氢钠干粉灭火器、卤代烷灭火器或二氧化碳灭火器	不得选用装有金属喇叭筒二氧化碳灭火器 非必要场所不应配置卤代烷灭火器

二、建筑灭火器基准与计算

1. 一般设置要求

（1）设置地点

应设置在位置明显、便于取用的地点，且不影响安全疏散。对于设置地点不明显的处所，应设醒目的指示标记。

（2）设置方式

设置稳固且其铭牌必须朝外；手提式灭火器宜设置在灭火器箱内或挂钩、托架上，其顶部离地面高度应≤1.5 m；底部离地面高度应≥0.08 m。灭火器箱不得上锁。

（3）设置点的环境要求

不应设置在超出其使用温度范围、潮湿或强腐蚀性的地点。如必须设置时，应有相应的保护措施。设置在室外的灭火器不得遭受风吹雨淋和日光暴晒。

2. 灭火器最大保护距离

（1）灭火器保护距离

指灭火器配置场所内，灭火器设置点到最不利点的直线行走距离（m）。

1）设置在 A 类火灾场所。A 类火灾场所灭火器最大保护距离见表 5—6。

表 5—6　A 类火灾场所灭火器最大保护距离　m

灭火器型式 / 危险等级	手提式灭火器	推车式灭火器
严重危险级	15	30
中危险级	20	40
轻危险级	25	50

2）设置在 B、C 类火灾场所。见表 5—7。

表 5—7　B、C 类火灾场所灭火器最大保护距离　m

灭火器型式 / 危险等级	手提式灭火器	推车式灭火器
严重危险级	9	18
中危险级	12	24
轻危险级	15	30

3）D 类火灾场所灭火器，其最大保护距离应根据具体情况而定；E 类火灾场所灭火器，其最大保护距离不应低于该场所内 A 类或 B 类火灾的规定。

3. 灭火器、灭火剂设计图例

灭火器、灭火剂设计图例见表 5—8、表 5—9、表 5—10。

表 5—8　手提式、推车式灭火器图例

序号	图例	中英文名称
1	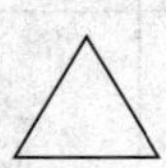	手提式灭火器 Portable fire extinguisher
2	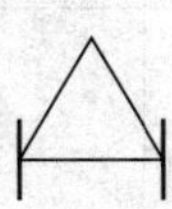	推车式灭火器 Wheeled fire extinguisher

表 5—9　　灭火剂种类图例

序号	图例	中英文名称
1		水 Water
2	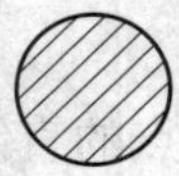	泡沫 Poam
3	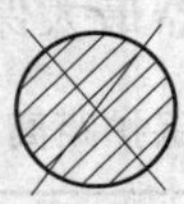	含有添加剂水 Water with addtive
4		BC 类干粉 BC powder
5	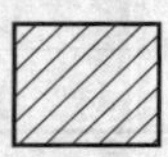	ABC 类干粉 ABC powder
6	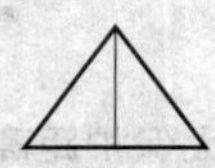	卤代烷 Halon
7	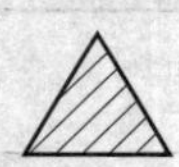	二氧化碳 Carbon dioxide （CO_2）
8		非卤代烷和二氧化碳灭火剂 Extinguishing gas other than Halon or CO_2

表 5—10　　灭火剂图例

序号	图例	中英文名称
9		手提式清水灭火器 Water Portable extinguisher
10	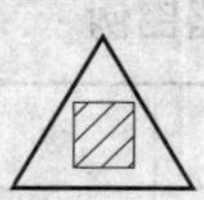	手提式 ABC 类干粉灭火器 ABC powder Portable extinguisher
11		手提式二氧化碳灭火器 Carbon doxide Portable extinguisher
12	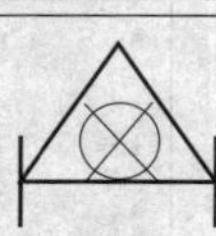	推车式 BC 类干粉灭火器 Wbeeled BC powder extinguisher

4. 灭火器一般配置规定

（1）一个计算单元内配置的灭火器数量不得少于 2 具。

（2）每个设置点的灭火器数量不宜多于 5 具。

（3）当住宅楼每层的公共部位建筑面积超过 100 m^2时，应配置 1 具 1A 的手提式灭火器；每增加 100 m^2时，增配 1 具 1A 的手提式灭火器。

5. 灭火器最低配置基准

灭火器最低配置基准见表 5—11、表 5—12。

表 5—11　　A 类火灾场所灭火器的最低配置基准

危险等级	严重危险级	中危险级	轻危险级
单具灭火器最小配置灭火级别	3A	2A	1A
单位灭火级别最大保护面积	50	75	100

表 5—12　　B、C 类火灾场所灭火器的最低配置基准

危险等级	严重危险级	中危险级	轻危险级
单具灭火器最小配置灭火级别	89B	55B	21B
单位灭火级别最大保护面积	0.5	1.0	1.5

6. 灭火器设计计算程序

灭火器配置的设计计算可按下述程序进行：

（1）确定灭火器配置场所火灾种类和危险等级。

（2）划分计算单元，计算各计算单元的保护面积。

（3）计算各计算单元的最小需配灭火级别。

（4）确定各计算单元中的灭火器设置的位置和数量。

（5）计算每个灭火器设置点的最小需配灭火级别。

（6）确定每个设置点灭火器类型、规格与数量。

（7）确定每具灭火器的设置方式和要求。

（8）在工程设计图上用灭火器图例和文字标明灭火器型号、数量与设置位置。

7. 灭火器灭火级别计算

（1）地上场所计算公式：

$$Q_{上}=K\frac{S}{U}$$

式中　$Q_{上}$——计算单元的最小需配灭火级别（A 或 B）；

S——计算单元保护面积，m^2；

U——A 类或 B 类火灾场所单位灭火级别最大保护面积（m^2/A）或（m^2/B）；

K——修正系数，见表 5—13。

表 5—13　　修正系数 K

计算单元	K
未设室内消火栓系统和灭火系统	1.0
设有室内消火栓系统	0.9
设有灭火系统	0.7
设有室内消火栓系统和灭火系统	0.5
可燃物露天堆场甲、乙、丙类液体储罐区 可燃气体储罐区	0.3

（2）地下场所计算公式：

$$Q_{下}=1.3K\frac{S}{U}$$

注：该公式适用于歌舞娱乐放映游艺场所、网吧、商场、寺庙及地下场所。

（3）灭火器数量计算公式：

$$Q_e=\frac{Q}{N}$$

式中　N——计算单元中的灭火器设置点数（具）；

Q_e——计算单元中每个灭火器设置点的最小需配灭火级别（A 或 B）。

建筑手提式灭火器配置类型、规格和灭火级别基本参数如表 5—14 所示。

表 5—14　　手提式灭火器类型、规格和灭火级别

灭火器类型	灭火剂充装量（规格）		灭火器类型规格代码（型号）	灭火级别	
	L	kg		A 类	B 类
水型	3	—	MS/Q3	1A	—
			MS/T3		55B
	6	—	MS/Q6	1A	—
			MS/T6		55B
	9	—	MS/Q9	2A	—
			MS/T9		89B
泡沫	3	—	MP3、MP/AR3	1A	55B
	4	—	MP4、MP/AR4	1A	55B
	6	—	MP6、MP/AR6	1A	55B
	9	—	MP9、MP/AR9	2A	89B

续表

灭火器类型	灭火剂充装量（规格）		灭火器类型规格代码（型号）	灭火级别	
	L	kg		A类	B类
干粉（碳酸氢钠）	—	1	MF1	—	21B
	—	2	MF2	—	21B
	—	3	MF3	—	34B
	—	4	MF4	—	55B
	—	5	MF5	—	89B
	—	6	MF6	—	89B
	—	8	MF8	—	144B
	—	10	MF10	—	144B
干粉（磷酸铵盐）	—	1	MF/ABC1	1A	21B
	—	2	MF/ABC2	1A	21B
	—	3	MF/ABC3	2A	34B
	—	4	MF/ABC4	2A	55B
	—	5	MF/ABC5	3A	89B
	—	6	MF/ABC6	3A	89B
	—	8	MF/ABC8	4A	144B
	—	10	MF/ABC10	6A	144B

第四节　建筑灭火器使用与报废

一、灭火器的适用范围

灭火器适用范围见表5—15。

表5—15　灭火剂适用范围

灭火剂	火灾种类				
	一般固体火灾	可燃液体火灾		带电火灾	金属火灾
		非水溶	水溶		
清水	○	×	×	×	×
化学泡沫	○	○	△	×	×
蛋白泡沫	○	○	×	×	×
氟蛋白	○	○	×	×	×

续表

灭火剂	火灾种类				
	一般固体火灾	可燃液体火灾		带电火灾	金属火灾
		非水溶	水溶		
轻水泡沫	○	○	×	×	×
合成泡沫	○	○	×	×	×
抗溶泡沫	○	△	○	×	×
二氧化碳	△	○	○	○	×
BC 干粉	△	○	○	○	×
ABC 干粉	○	○	○	○	×
金属干粉	×	×	×	×	○
1211	△	○	○	○	×
1301	△	○	○	○	×

符号说明：○—适用　△——般不用　×—不适用

二、灭火器的使用方法

1. 干粉灭火器的使用

干粉灭火器灭火时，可在距燃烧处 5 m 左右，放下灭火器。如在室外，应选择在上风方向喷射。使用时可将气瓶事先颠倒晃动几次，拔去保险销，然后握住喷射软管前端喷嘴根部，另一手将开启压把压下，打开灭火器进行喷射灭火。灭火时对准火焰根部，由远及近向前平推，左右横扫防止火焰回窜。扑救液体火灾时，不要使粉末冲击液面，以防止飞溅。使用过程中松开压把，会中断喷射。

2. 二氧化碳灭火器的使用

二氧化碳灭火器灭火时先将灭火器提到距燃烧物 5 m 左右的地方，拔出保险销，一手握住喇叭筒根部的手柄，另一只手紧握启闭阀的压把。对没有喷射软管的二氧化碳灭火器，应把喇叭筒往上扳 70°~90°。使用时，不能直接用手抓住喇叭筒外壁或金属连接管，以防手被冻伤。灭火时，当可燃液体呈流淌状燃烧时，使用者应将二氧化碳灭火剂的喷流由近而远向火焰喷射。如果可燃液体在容器内燃烧时，使用者应将喇叭筒提起，从容器的一侧上部向燃烧的容器中喷射，但不能将二氧化碳喷流直接冲击可燃液面，以防将可燃液体冲出容器而扩大火势，造成灭火困难。

3. 清水灭火器的使用

清水灭火器灭火时，在距燃烧物 10 m 处，将灭火器直立放稳。摘下保险销，用手掌拍击开启杆顶端的凸头。这时储气瓶的密膜片被刺破，二氧化碳气体进入筒体内，迫使清水从喷嘴喷出。此时应立即一只手提起灭火器，另一只手托住灭火器底圈，将喷射的水流对准燃烧最猛烈处喷射。随着灭火器喷射距离的缩短，操作者逐渐向燃烧物靠近，使水流始终喷射在燃烧处，直到将火扑灭。

使用清水灭火器时应注意以下事项：

（1）喷射过程中，切忌将灭火器颠倒或横卧，以免喷水中断或喷水量减少。

（2）能喷射雾状水滴的灭火器在用于扑救可燃液本火灾时，应让雾状水滴喷洒在燃烧物上部火焰上，由近而远向前推进，直至将火扑灭。

4. 泡沫灭火器的使用

使用泡沫灭火器时，可手提筒体上的提环，迅速奔赴火场，这时应注意不得使灭火器过分倾斜，更不可横拿或颠倒，以免两种药剂混合而提前喷射。当距离着火点 10 m 左右，即可将筒体颠倒过来，一只手紧握提环，另一只手扶住筒体的底圈，将喷嘴对准燃烧物。

泡沫灭火器使用注意事项如下：

在扑救可燃液体火灾时，如已呈流淌状燃烧，则将泡沫由近而远喷射，使泡沫完全覆盖在燃烧液面上；如在容器内燃烧，应将泡沫射向容器的内壁，使泡沫沿着内壁流淌，逐步覆盖着火液面，切忌直接对准液面喷射，以免由于射流的冲击，反而将燃烧的液体冲散或冲出容器，扩大燃烧范围。在扑救回体物质火灾时，应将射流对准燃烧最猛烈处。灭火时，随着有效喷射距离的缩短，使用考应逐渐向燃烧区靠近，并始终将泡沫喷射在燃烧物上，直至扑灭。使用时，灭火器应始终保持倒置状态，否则会中断喷射。

三、灭火器报废年限

灭火器报废年限见表 5—16。

表 5—16　　灭火剂的报废年限

灭火器类型		报废期限（年）
水基型灭火器	手提式水基型灭火器	6
	推车式水基型灭火器	
干粉灭火器	手提式（储压式）干粉灭火器	10
	手提式（储气瓶式）干粉灭火器	
	推车式（储压式）干粉灭火器	
	推车式（储气瓶式）干粉灭火器	
洁净气体灭火器	手提式洁净气体灭火器	
	推车式洁净气体灭火器	
二氧化碳灭火器	手提式二氧化碳灭火器	12
	推车式二氧化碳灭火器	

另外，应报废的灭火器或储气瓶，必须在筒身或瓶体上打孔，并且用不干胶贴上“报废”的明显标志，内容如下：“报废”二字，字体最小为 25 mm×25 mm；报废年、月；维修单位名称；检验员签章。灭火器应每年至少进行一次维护检查。

第五节　消火栓的使用方法

一、室外消火栓

1. 室外消火栓的用途

(1) 迅速给消防车加水满足火场供水需求。

(2) 当消火栓周围发生火灾时，直接连水枪灭火。

2. 室外消火栓类型

(1) 按结构不同分为地上式消火栓、地下式消火栓，如图 5—4 所示。

图 5—4　地上、地下消火栓标志

(2) 按进水口连接形式分为承插式、法兰式。

(3) 按进水口的公称通径分为 100 mm、150 mm。

(4) 按压力分为低压消火栓、高压消火栓。

3. 室外消火栓组成

室外消火栓由栓口、阀体、进水口、出水口、开关等组成，如图 5—5 所示。

图 5—5　单口单阀消火栓

4. 室外消火栓设置要求

(1) 室外消火栓的保护半径不应超过 150 m，间距不应超过 120 m。

(2) 室外消火栓距路边不应超过 2 m，距房屋外墙不宜小于 5 m。

(3) 当建筑物在市政消火栓保护半径 150 m 以内，且消防用水量不超过 15 L/s 时，可不设室外消火栓。

(4) 室外消火栓应沿高层建筑周围均匀布置，并不宜集中在建筑物一侧。

(5) 室外消火栓应设置在便于消防车使用的地点。

5. 室外消火栓的操作方法与步骤

(1) 将消防水带铺开。

(2) 将水枪与水带快速连接。

（3）连接水带与室外消火栓。

（4）用室外消火栓专用扳手逆时针旋转，把螺杆旋到最大位置，打开消火栓。

注意：室外消火栓使用完毕，需打开排水阀，将消火栓内的积水排出，以免结冰将消火栓损坏。

二、消防水泵接合器

消防水泵接合器是当室内消防用水不足或故障停止运转没有室内消防用水的情况下，从室外向室内消防设备提供或补充消防用水的设施，分为：地上式消防水泵接合器、地下式消防水泵接合器、墙壁式消防水泵接合器。如图5—6所示。

图5—6　消防水泵接合器

每个水泵接合器设计流量按10～15 L/s计；当室内设有消火栓系统、自动喷水灭火系统等，每个系统应设置水泵接合器；在水泵接合器周围15～40 m范围内，应有室外消火栓或消防水池；水泵接合器应有止回阀、闸阀、安全阀、泄水阀等；水泵接合器应设在室外便于消防车使用的地点。

三、室内消火栓

1. 室内消火栓系统组成

室内消火栓系统由消防给水基础设施、消防给水管网、室内消火栓设备、报警控制设备及系统附件组成。

（1）消防给水基础设施

消防给水基础设施主要包括市政消防管网、室外消防给水管网、室外消火栓、消防水池、消防水泵、消防水箱、消防水池、增压稳压设备、水泵接合器等。

（2）消防给水管网

消防给水管网主要包括进水管、水平干管、消防竖管等。

（3）室内消火栓设备

室内消火栓设备主要包括：水带、水枪、消防水喉等。

（4）报警控制设备

报警控制设备主要用于启动消防水泵，并控制系统工作状态。

（5）系统附件

系统附件主要包括：各种阀门、屋顶消火栓等。

2. 室内消火栓设备

（1）室内消火栓箱

室内消火栓箱由室内消火栓、水带、水枪、火灾报警按钮（或消防电话、消防水喉、灭火器）等组成。如图 5—7 所示。

室内消火栓箱分为明装、暗装，箱体尺寸：单栓为 600 mm×800 mm；双栓为 750 mm×1 200 mm；栓口距地面 1 100 mm。栓口向外与墙成 90°直角，颜色为“消防红”，非燃材料制作；制作材料有普通金属、不锈钢、铝合金、石材等。

（2）室内消火栓

室内消火栓是指安装在室内消防管网向火场供水并带有专用接口的阀门。其进水口与消防管道相连，出水口与水带连接，室内消火栓分为：SN 直角单出口；SN45°单出口、SNS45°双出口。一般不推荐使用双出口消火栓，若使用，要求每个出口必须设有单独控制阀门。

室内消火栓栓口直径有 50 mm 和 65 mm 两种。一般水枪出口流量小于 5 L/s 时，可选用直径为 50 mm 的栓口；水枪出口流量大于 5 L/s 时，宜选用直径为 65 mm 的栓口。高层建筑室内消火栓栓口直径应为 65 mm，如图 5—8 所示。

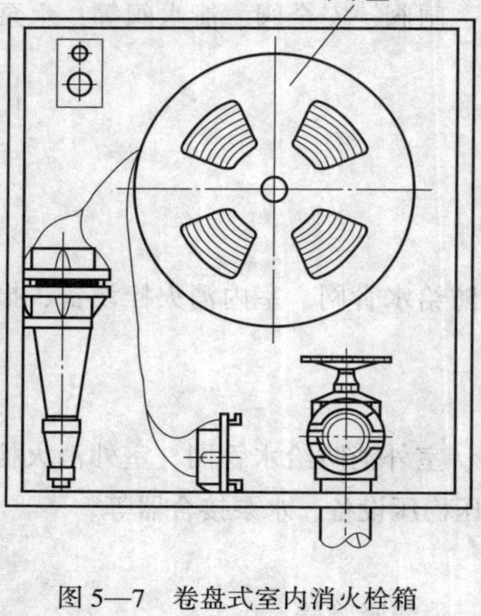

图 5—7　卷盘式室内消火栓箱

图 5—8　双出口室内消火栓

（3）水带

室内消火栓配备消防水带直径分为 65 mm 或 50 mm 胶里水带。每个消火栓配备一条（盘）水带，水带两头为内扣式标准接口，水带长度为 20 m，最长不应大于 25 m，水带一头与消火栓出口连接，另一头与水枪连接，如图 5—9 所示。

（4）水枪

室内消火栓配备消防水枪，其喷嘴直径有 13 mm、16 mm、19 mm 三种，13 mm 消防水枪与 50 mm 水带配套；16 mm 消防水枪与 50 mm 或 65 mm 的水带配套；19 mm 水枪与 65 mm 水带配套。一般情况下，当每支水枪最小流量不大于 5 L/s 时，可选用口径 16 mm 以下水枪；当每支水枪最小流量大于 5L/s 时，宜选用口径 19 mm 水枪，如图 5—10 所示。

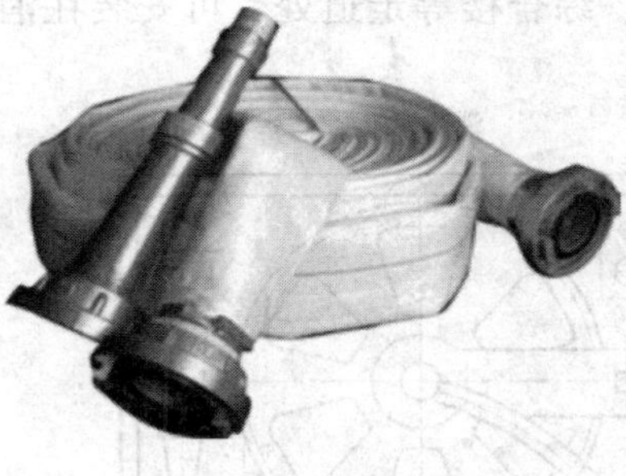

图 5—9　水带

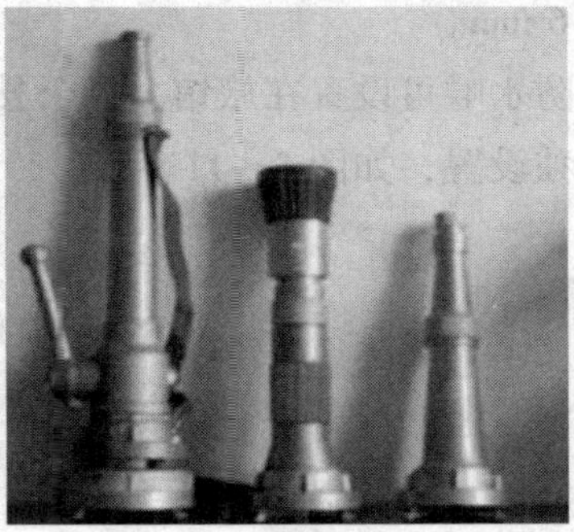

图 5—10　消防水枪

（5）屋顶消火栓

高层民用建筑以及设有消火栓给水系统且为平屋顶的高层工业建筑和低层建筑，其屋顶应设屋顶消火栓。屋顶消火栓用于消防人员定期检查室内消火栓给水系统的供水压力以及建筑物内消防给水设备的性能，还可对建筑物发生火灾时进行灭火和冷却之用。

设置要求：屋顶消火栓数量宜为 1～2 个；应设压力显示装置（压力表）；采暖地区屋顶消火栓可设在屋顶出口处（应有保暖措施）或水箱间内，不应设在电梯机房内。

3. 室内消火栓的使用方法

当发生火灾时，找到离火场距离最近的消火栓，打开消火栓箱门，取出水带，将水带的一端接在消火栓出水口上，另一端接好水枪，拉到起火点附近后方可打开消火栓阀门，当消防泵控制柜处于自动状态时直接按动消火栓按钮启动消防泵。当消防泵控制柜处于手动状态时应及时派人到消防泵房手动启动消防泵。注意：在确认火灾现场供电已断开的情况下，才能用水进行扑救。

4. 室内消火栓的外观检查要求

（1）消火栓箱体、玻璃是否完好无损，并有明显标识。

（2）消火栓箱前是否有遮挡物。

（3）消火栓箱门是否上锁，能否成120°开启。

（4）消火栓内部水带 、水枪等是否齐全完好，水枪、水带共三个连接口，密封圈是否完好无损，水带接口处是否对卷在外边。

四、室内消防卷盘

消防水喉（又称消防软管卷盘）由小口径消火栓、输水缠绕软管、小口径水枪组成。其栓口直径为25 mm，胶管内经为19 mm，胶管长度不超过40 m，水喉喷嘴口径不应小于6 mm。

消防水喉可设置在旅馆、办公楼、商业楼、综合楼等走道处，可安装在消火栓箱内或单独设置，如图5—11所示。

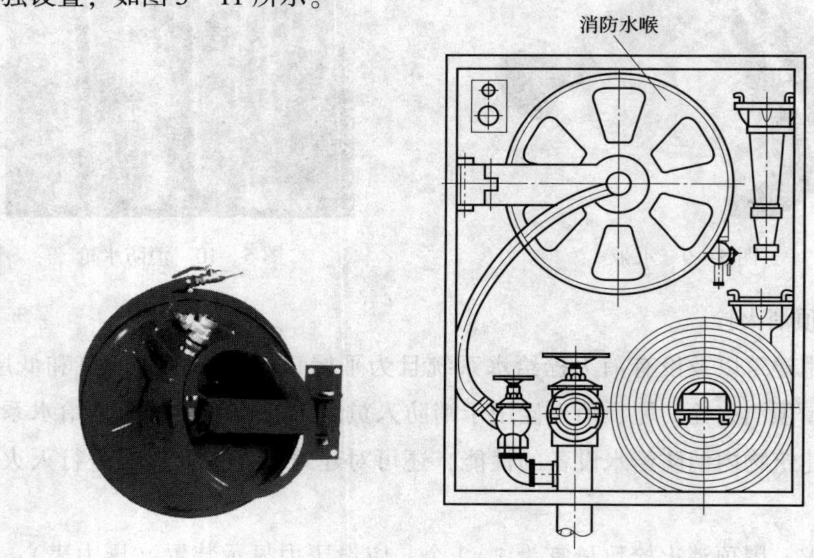

图5—11　消防水喉

第六节　消防控制室监控管理

一、消防控制室的作用

随着我国经济的快速发展，建筑面积大，结构复杂，人员集中的高层建筑、地下工程防火是一项非常重要的任务。一旦发生火灾，疏散和扑救困难，容易扩大蔓延，造成群死群伤和重大的经济损失。所以，建筑消防设施的合理设计尤为关键。建筑消防设施的设计必须立足于自防自救，立足于早期发现、早期报警和早期控制。

建筑消防设施一般由火灾自动报警系统、自动灭火系统、防排烟系统、防火门、防火卷帘、火灾事故广播、消防通信系统等消防设备组成。而消防控制室就是这个系统的监测、控制中心。

消防控制室是设有火灾自动报警设备和消防设施控制设备，用于接收、显示、处理火灾报警信号，控制相关消防设施的专门处所，是利用固定消防设施扑救火灾的信息指挥中心，是建筑内消防设施控制中心枢纽。在平时，它全天候地监测各种消防设备的工作状态，保持系统的正常运行。一旦出现火情，它将成为紧急信息汇集、显示、处理的中心，及时、准确地反馈火情的发展过程，正确、迅速地控制各种相关设备，达到疏导和保护人员、控制和扑灭火灾的目的。

二、消防控制室设备的组成

消防控制室作为消防管理、火灾救援的信息管理和指挥中心，应由以下设备组成：消防控制室应至少设置火灾报警控制器、消防联动控制器、消防控制室图形显示装置或其组合设备；应能监控消防系统及相关设备（设施），显示相应设备（设施）的动态信息和消防管理信息，向远程监控中心传输火灾报警及其他相应信息。

其中，消防系统及其相关设备（设施）应包括以下几种：

（1）火灾报警控制器。

（2）自动灭火系统的控制装置。

（3）室内消火栓系统的控制装置。

（4）防烟、排烟系统及空调通风系统的控制装置。

（5）常开防火门、防火卷帘的控制装置。

（6）电梯回降控制装置。

（7）火灾应急广播的控制装置。

（8）火灾警报装置的控制装置。

（9）火灾应急照明与疏散指示标志的控制装置。

三、消防控制室及其设备的设置

1. 消防控制室的设置要求

（1）单独建造的消防控制室，其耐火等级不应低于二级。

（2）消防控制室的门应向疏散方向开启，且入口处应设置明显的标志。

（3）消防控制室的送、回风管在其穿墙处应设防火阀。

（4）消防控制室内严禁与其无关的电气线路及管路穿过。

（5）消防控制室周围不应布置电磁场干扰较强及其他影响消防控制设备工作的设备用房。

（6）消防控制室应设置在建筑物的首层，距通往室外出入口不应大于 20 m。

（7）内部和外部的消防人员能容易找到并可以接近的房间部位，并应设在交通方便和发生火灾时不易延燃的部位。

（8）不应将消防控制室设于厕所、锅炉房、浴室、汽车库、变压器室等的隔壁和上、下层相对应的房间。

（9）有条件时宜与防灾监控、广播、通信设施等用房相邻近。

（10）应适当考虑长期值班人员房间的朝向。

2. 消防控制室内设备的设置要求

（1）设备面盘前的操作距离：单列布置时不应小于 1.5 m；双列布置时不应小于 2 m。

（2）在值班人员经常工作的一面，设备面盘至墙的距离不应小于 3 m。

（3）设备面盘后的维修距离不宜小于 1 m。

（4）设备面盘的排列长度大于 4 m 时，其两端应设置宽度不小于 1 m 的通道。

（5）集中火灾报警控制器或火灾报警控制器安装在墙上时，其底边距地面高度宜为 1.3~1.5 m，其靠近门轴的侧面距墙不应小于 0.5 m，正面操作距离不应小于 1.2 m。

四、消防控制室的管理规定

（1）消防控制室工作人员应严格遵守消防控制室的各项安全操作规程和各项消防安全管理制度。

（2）报警联动控制设备需要设置在手动状态时，应有火灾时能迅速将手动控制转换为自动控制的可靠措施。严禁将自动喷水灭火系统和联动控制的防火卷帘等防火分隔设施设置在手动控制状态。

（3）消防控制室应当实行每日 24 小时专人值班制度，确保及时发现并准确处置火灾和故障报警。

（4）消防控制室工作人员每班不得少于 2 人，一名负责值班时报警部位的核实和紧急情况的处置，一名负责自动消防系统的操作。

（5）消防控制室自动消防系统的操作人员，应取得《消防专业技术合格证》，持证上岗，并存放在消防控制室备查。

（6）消防控制室工作人员应按时上岗，并做好交接班工作，接班人员未到岗前交班人员不得擅自离岗。

（7）消防控制室工作人员应按时上岗，并坚守岗位，尽职尽责，不得脱岗、替岗、睡岗，严禁值班前饮酒或在值班时进行娱乐活动，因确有特殊情况不能到岗的，应提前向单位主管领导请假，经批准后，由同等职务的人员代替值班。

（8）应在消防控制室的入口处设置明显的标志；消防控制室应设置火灾事故应急照明、灭火器等消防器材，并配备相应的通信联络工具。

（9）消防控制室工作人员要爱护消防控制室的设施，保持控制室内的卫生。

（10）严禁无关人员进入消防控制室，随意触动设备。

（11）消防控制室内严禁存放易燃易爆危险物品和堆放与设备运行无关的物品或杂物，严禁与消防控制室无关的电气线路和管道穿过。

（12）消防控制室内严禁吸烟或动用明火。

五、消防控制室监控

1. 火灾报警器的组成

火灾报警控制器由以下设备组成：液晶显示屏、打印机、指示灯区、键盘区、智能手动消防启动盘、多线控制盘、电源等。

2. 火灾报警器的主要功能

火灾报警控制器的主要功能如下：

（1）火灾报警作用

控制器应能直接或间接地接收来自火灾探测器及其他火灾报警触发器件的火灾报警信号，发出火灾报警声、光信号，指示火灾发生部位，记录火灾报名时间，并予以保持，直至手动复位。

（2）火灾报警控制作用

控制器在火灾报警状态下应有火灾声和/或光警报器控制输出、控制器可设置其他控制输出（应少于6点），用于火灾报警传输设备和消防联动设备等设备的控制，每一控制输出应有对应的手动直接控制按钮（键）。

（3）故障报警作用

控制器应设专用故障总指示灯（器），无论控制器处于何种状态，只要有故障信号存在，该故障总指示灯（器）应点亮。当控制器内部、控制器和其连接的部件间发生故障时，控制器应在100 s内发出和火灾报警信号有明显区别的故障声、光信号，故障声情号应能手动消除，再有故障信号输入时，应能再启动；故障光信号应保持至故障排除。

（4）屏蔽作用（仅适于具有此项作用的控制器）

控制器应有专用屏蔽总指示灯（器），无论控制器处于何种状态，只要有屏蔽存在，该屏蔽总指示灯（器）应点亮。控制器应具有对下述设备进行单独屏蔽、解除屏蔽操作作用（应手动进行）：

1）每个部位或探测区、回路。

2）消防联动控制设备。

3）故障警告设备。

4）火灾声和/或光警报器。

5）火灾报警传输设备。

（5）监管作用（仅适于具有此项作用的控制器）

控制器应设专用监管报警状态总指示灯（器），无论控制器处于何种状态，只要有监管信号输入，该监管报存状态总指示灯（器）应点亮。当有监管信号输入时，控制器应在100 s内发出利火灾报警信号有明显区别的监管报警声、光信号；声信号仅能手动消除，当有新的监管信号输入时应能再启动，光信号应保持至手动复位。

（6）自检作用

控制器应能检查本机的火灾报警作用（以下称自检），控制器在执行自检作用期间，受其控制的外接设备和输出接点均不应动作。控制器自检时间超过1 min或其不能自动停止自检作用时，控制器的自检作用应不影响非自检部位、探测区和控制器本身的火灾报警作用。

（7）信息显示和查询作用

控制器信息显示按火灾报警、监管报警及其他状态顺序由高至低排列信息显示等级，高等级的状态信息应优先显示，低等级状态信息显示不应影响高等级状态信息显示，显示的信息应和对应的状态一致且易于辨识。当控制器处于某一高等级状态显示时，应能通过手动操作查询其他低等级状态栏息，各状态信息不应交替显示。

（8）系统兼容作用（仅适用于集中、区域和集中区域兼容型控制器）

区域控制器应能向集中控制器发送火灾报警、火灾报警控制、故障报警、自检以及可能具有的监管报警、屏蔽、延时等各种完整信息，并应能接收、处理集中控制器的相关指令。

（9）电源作用

控制器的电源部分应具有主电源和备用电源转换装置。当主电源断电时，能自动转换到备用电源；主电源恢复时，能自动转换到主电源；应有主、各电源工作状态指示，主电源应有过流保护措施。主、各电源的转换不应使控制器产生误动作。

3. 火警信息的识别

（1）火灾报警控制器收到火灾触发器件发出的火灾报警信号并同时有声光信号提

示，优先级最高。

（2）火警信息特征：

1）红色火警灯亮。

2）发出火警报警声。

3）显示器显示火警总数、火灾报警序号、火灾发生的部位、设备类型、报警时间。

4. 故障信息的识别

故障信息特征如下：

（1）黄色故障指示灯亮。

（2）发出与火灾报警信息不同的故障报警声音。

（3）显示器显示故障总数、故障报警序号、故障发生的部位、报警时间、类型编码。

5. 火警信息的处置程序

（1）消防控制室值班人员接到火警信号后，立即确认火警发生的具体楼层和平面位置，迅速通知现场相关责任人员。

（2）现场相关责任人员携带通信工具，迅速到达报警点进行确认，及时将情况反馈给消防控制室，并利用现场灭火器材进行扑救。

（3）确认火灾后，控制室值班人员应立即拨打火警电话“119”，详细报告起火时间、起火地点、起火物及其他现场情况并通知本单位领导。

（4）确认火灾后，值班人员应立即启动消防广播，通知火警楼层和相关楼层的人员安全有序地撤出。

（5）确认火灾后，值班人员应确保报警联动设备处于自动控制状态，在联动设备未动作的情况下，应手动启动所有的联动设备。值班人员应监视消防设备运行情况。

（6）火灾处置过程中，值班人员应监视消防设备运行情况，注意火灾发展状况，及时调整设备工作状态。

（7）火灾处置完毕后，值班人员应对相关消防设备进行复位操作，配合建筑消防设施管理人员恢复所有消防设施正常运行，并填写《消防控制室值班记录》。

（8）火灾处置完毕后，值班人员应保存消防设备运行记录，配合公安消防监督机构做好火灾原因调查。

（9）如确认为误报，值班人员应通知消防设施管理职能部门查找故障原因；恢复、检修报警设备，并详细填写《消防控制室值班记录》《建筑消防设施故障处理记录》。

火警信息处置流程如图 5—12 所示。

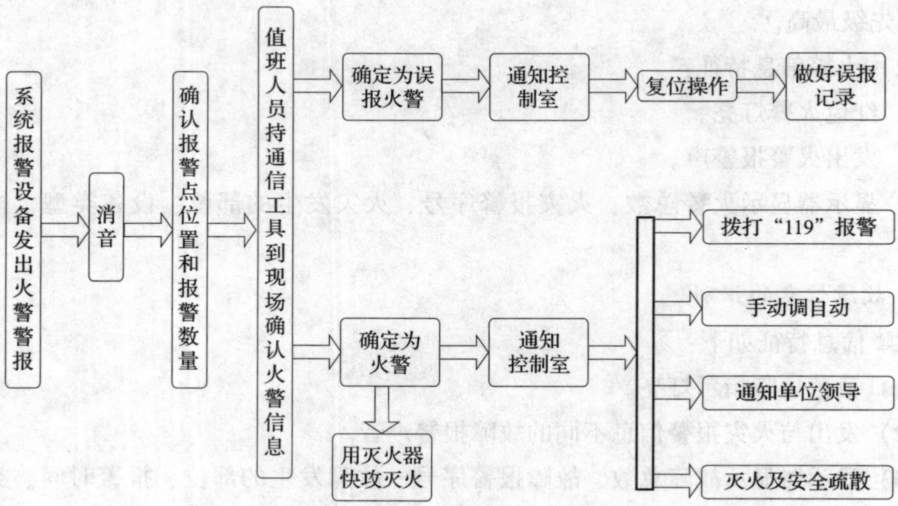

图 5—12　消防控制室接到火警信息处置流程图

6. 故障信息的处置程序

（1）消声。

（2）查看故障点。

（3）去现场查看，如果误报警，通知中控室，复位。

（4）如果真实故障，通知中控室，把故障设备屏蔽，请专人维修。

（5）修好后取消屏蔽。

六、消防值班记录与交接班流程

1. 消防值班记录表

消防值班记录表主要包括《消防控制室值班记录》《建筑消防设施巡查记录》《建筑消防设施月度检查记录》及《建筑消防设施故障处理记录》等。

（1）《消防控制室值班记录》是消防控制室消防值班人员用于日常值班时记录火灾报警控制器日运行情况及火灾报警控制器日检查情况。

（2）《建筑消防设施巡查记录》是消防系统维护人员用于日常记录消防设施（主要包括：消防供配电设施、消防供水设施、火灾自动报警系统、消火栓/消防炮灭火系统、自动喷水灭火系统、泡沫灭火系统、气体灭火系统、防烟排烟系统、应急照明和疏散指示标志、应急广播系统、消防专用电话、防火分隔设施、消防电梯及灭火器）工作状态、外观等的巡查情况。

（3）《建筑消防设施月度检查记录》是消防系统检测人员每月记录消防设施（主要包括：消防供电配电、火灾报警系统、消防供水设施、消火栓或消防炮灭火系统、自动喷水系统、泡沫灭火系统、气体灭火系统、机械加压送风系统、机械排烟系统、应急照明、疏散指示标志、应急广播系统、消防专用电话、防火分隔、消防电梯及灭火器等）各项功能的实测结果。

（4）《建筑消防设施故障处理记录》是消防系统值班人员、维护人员或检测人员在消防控制室值班、建筑消防设施巡查或建筑消防设施月度检查过程中用于对发现的问题不能当场处理时记录使用。

2. 记录的填写方法

《消防控制室值班记录》《建筑消防设施巡查记录》《建筑消防设施月度检查记录》及《建筑消防设施故障处理记录》是值班工作的文字反映，可以真实详细地反映各系统的工作情况。

当值人员应按各种记录规定的栏目的要求填写上述记录表，不得从简。填写记录应字迹清楚、端正、不得乱画乱涂，错别字可以擦去或用“/”符号。记录的签名不得只签姓，必须签全名。记录的填写应采用蓝色或黑色钢笔或签字笔，各种记录均由当班值班人员填写，当班管理人员审核或检查。

3. 交接班流程

（1）交接班程序

1）交接班前交班与接班人员应对当班次值班记录表以及系统工作情况记录表的内容进行逐项核实。

2）系统工作登记表核实完毕后，交接双方应对系统进行全面检查，并对该班次工作表中重点记录的系统部位进行仔细核查以便事后追溯。

3）各项内容核查完毕后，双方填写工作交接记录，并针对当班次发生的重点事项予以备注，双发签字后交接完成。

（2）交接班注意事项

1）交接记录有无遗漏（记录表与系统控制器“黑匣子”对比即可发现）。

2）仔细核查各系统的工作状态是否正常，有无不正常发生。

3）仔细核查各系统的关键部位有无故障和失效情况（如水泵、排烟风机、气体灭火、消防广播等）。

4）若存在不确定的情况，可对关键部位进行有针对性的独立交接或核查。

复习思考题

1. 灭火器按充装灭火剂不同可分成哪几类？

2. 一栋电子厂房的第一层为电子库房，长 80 m，宽 36 m，厂房中有消火栓。请问如何给该区域配置灭火器？

3. 如何用手提式干粉灭火器处置初起火灾？

4. 如何用室内消火栓处置初起火灾？

5. 消防控制室接到火灾报警信息后如何处置？

技能实训六　用手提式干粉灭火器处置初起火灾

一、实训目的

通过实训，能够使用干粉灭火器处置初起火灾。

二、实训内容

(1) 识别干粉灭火器。

(2) 了解干粉灭火器可以灭哪类火灾。

(3) 如何使用干粉灭火器处置初起火灾。

三、实训方法与步骤

(1) 把试训用汽油点着。

(2) 让学生两人一组用灭火器灭火。

(3) 软管式干粉灭火器的使用方法：

1) 将灭火器提至火场，在距着火物 5~6 m 处停下。

2) 拔出保险销。

3) 一只手紧握喷射软管前的喷嘴并对准燃烧物。

4) 另一只手握住提把并用力压下压把，开始灭火。

5) 灭火过程中切忌将灭火器颠倒或横卧，否则不能喷射。

(4) 喷嘴式灭火器的使用方法：

1) 将灭火器提至火场，在距着火物 5~6 m 处停下。

2) 拔出保险销。

3) 一只手托住灭火器底部并对准燃烧物。

4) 另一只手握住提把并用力压下压把，开始灭火。

5) 灭火过程中切忌将灭火器颠倒或横卧，否则不能喷射。

四、实训注意事项

(1) 灭火时学生要站在上风侧。

(2) 灭火的过程中，防止学生出现安全事故。

(3) 火灭掉后，防止复燃。

五、思考题

(1) 干粉灭火器可以灭何种类型火灾？

(2) 如何使用软管式干粉灭火器处置初起火灾？

技能实训七 室内消火栓的使用

一、实训目的

通过实训，熟练使用室内消火栓进行灭火。

二、实训内容

(1) 室内消火栓的组成。

(2) 如何使用室内消火栓灭火。

三、实训方法与步骤

(1) 了解室内消火栓的组成：水带、水枪、栓阀、起泵按钮等。

(2) 练习甩、卷消防水带。

(3) 进行室内消火栓喷水实验。

1) 打开消火栓箱体，按下起泵按钮启动消防水泵。

2) 取出水枪，拉出水带。

3) 把水带接口一端与消火栓接口相连，另一端与水枪连接，拉直水带，不能打结。

4) 把室内栓手轮顺开启方向旋开，同时双手紧握水带，喷水灭火。

四、实训注意事项

(1) 水带卷好后后期的结扣处理。

(2) 加水实验时阀门慢慢打开，水枪不要对着人。

(3) 实验结束后把水带晾干，卷好。

五、思考题

如何使用室内消火栓进行灭火？

技能实训八 火灾报警主机的使用

一、实训目的

认识火灾自动报警控制器，掌握基本的操作方法。

二、实训内容

(1) 会读、会看控制器上的显示信息。

(2) 会用打印机，并学会换纸。

(3) 会通过总线启动盘操作相关设备。

(4) 会通过多线启动盘操作相关设备。

(5) 掌握消防电话的使用。

（6）掌握广播分配盘的使用。

三、实训方法与步骤

（1）识别主控板面：液晶显示屏、指示灯区、时间显示、键盘及打印机。

（2）会使用打印机：

1）按下“SEL”键，关闭打印机。

2）从前面板轻掰打印机前面盖板上侧，取下打印机前盖板。

3）用手指向内夹住打印机的两侧活动舌头，将整个打印机从控制器面板上轻轻取下。

4）从打印机上取下纸卷轴。

5）将新纸卷套在纸卷轴上，将纸卷轴用力按入打印机的导槽内。一定要确认纸卷轴已安装牢固，不会掉出。注意：打印纸正面朝上。

6）按下“LF”键，使机头转动。这时用手将纸头送入机头下面入纸口处，纸便会徐徐进入机头，直到从机头正前方露出为止，露出应有一定长度，再按一下“LF”键。盖好打印机前盖板，将打印纸的头从前盖板的出纸口中穿出。

7）按下“SEL”键，打开打印机。

（3）操作手动启动盘：发出命令——观察反馈——停止动作。

（4）操作直接启动盘：启动手动锁、自检键、直接控制按键、状态指示灯。

（5）拨打消防电话，通话后会查看记录。

（6）会使用应急广播，掌握自行通知广播的顺序：

1）首先保证控制器处于手动允许工作方式。如果控制器处于手动禁止工作方式，则通过控制方式转换到手动允许状态。

2）打开广播放大器的电源开关。

3）打开“应急广播”按钮。

4）如果选择用话筒广播，打开“话筒”的按钮。

5）在广播分配盘上刷卡解锁（上锁状态亮红灯，解锁后亮绿灯）。

6）按下楼层数字键，选择相应楼层。

7）摘下话筒，按住旁边的“开关”说话。

四、注意事项

（1）不要乱动设备。

（2）实训完毕把所有工具放回原位。

五、思考题

（1）消防电话的记录能否删除？

（2）报警主机的控制板面由哪几部分组成？

技能实训九 消防控制室监控

一、实训目的

通过实训，能够胜任消防控制室监控岗位。

二、实训内容

（1）识别火警、故障报警。

（2）报火警的处置流程。

（3）报故障的处置流程。

（4）在火灾确认后，正确拨打“119”火警电话报警。

三、实训方法与步骤

1. 识别火警、故障报警

（1）报火警特征：发出消防车声、火警总指示灯（红色）点亮、火灾报警控制器显示当前火灾报警部位的总数。

（2）故障信息的特征：发出救护车声、故障总指示灯（黄色）点。

2. 火警的处置流程

（1）消声；通过液晶显示屏查看出报警点具体位置。

（2）一名值班员携带通信器材赶到报警点确认火情，若是误报警，立即告知中控室的持机人员，查明误报警原因，做好复位操作，并填写值班记录。

（3）若到现场后发现是真实火情，立即用通信器材通知持机人员现场情况，现场人员应就近利用灭火器进行快攻扑救；持机人员应将控制器由手动状态改为自动状态；及时拨打“119”火警电话报警，通知上级领导并在其知情下进行应急广播组织人员疏散和自救。

（4）待现场火灾扑灭后中控室值班员及时对控制器复位操作，并将控制器由自动状态调回手动状态，并做好值班记录。

3. 报故障的处置流程

（1）消声；通过液晶显示屏查看出故障点具体位置。

（2）一名值班员携带通信器材赶到现场，若能排除故障，通知持机人员复位，做好值班记录。

（3）若不能及时排除故障，将故障点屏蔽，等维修人员修好后，将其解除屏蔽。

（4）做好值班记录。

4. 拨打“119”电话报火警

（1）起火的详细地点。

（2）起火原因、火势大小、伤亡人数。

(3) 报警人的姓名。

(4) 报警人的联系方式。

四、实训注意事项

(1) 切忌火警真实性未确定的情况下现场设备复位。

(2) 实训结束记得断电。

五、思考题

(1) 简述消防控制室对真实火警的处置流程。

(2) 如何拨打“119”火警电话报警?

第六章
消防安全责任与监督

本章学习目标

1. 熟悉单位负责人的消防安全职责。
2. 了解火灾事故调查的任务。
3. 熟悉火灾事故调查的简易程序。
4. 熟悉火灾事故调查的一般程序。
5. 熟悉消防产品监督管理的要求。

第一节 消防安全责任与职责

一、机关、团体、企业、事业单位的消防安全责任与职责

1. 单位负责人的消防安全职责

我国的《消防法》规定，机关、团体、企业、事业单位的主要负责人是本单位的消防安全责任人，应当履行下列消防安全职责：

（1）贯彻执行消防法规，保障单位消防安全符合规定，掌握本单位的消防安全情况。

（2）将消防工作与本单位的生产、科研、经营、管理等活动统筹安排，批准实施年度消防工作计划。

（3）为本单位的消防安全提供必要的经费和组织保障。

（4）确定逐级消防安全责任，批准实施消防安全制度和保障消防安全的操作规程。

（5）组织防火检查，督促落实火灾隐患整改，及时处理涉及消防安全的重大问题。

(6) 根据消防法规的规定建立专职消防队、义务消防队。

(7) 组织制定符合本单位实际的灭火和应急疏散预案，并实施演练。

2. 单位消防安全管理人的职责

消防安全管理人对单位的消防安全责任人负责，实施和组织落实下列消防安全管理工作：

(1) 拟订年度消防工作计划，组织实施日常消防安全管理工作。

(2) 组织制定消防安全制度和保障消防安全的操作规程并检查督促其落实。

(3) 拟订消防安全工作的资金投入和组织保障方案。

(4) 组织实施防火检查和火灾隐患整改工作。

(5) 组织实施对本单位消防设施、灭火器材和消防安全标志的维护保养，确保其完好有效，确保疏散通道和安全出口畅通。

(6) 组织管理专职消防队和义务消防队。

(7) 在员工中组织开展消防知识、技能的宣传教育和培训，组织灭火和应急疏散预案的实施和演练。

(8) 单位消防安全责任人委托的其他消防安全管理工作。

消防安全管理人应当定期向消防安全责任人报告消防安全情况，及时报告涉及消防安全的重大问题。未确定消防安全管理人的单位，消防安全管理工作由单位消防安全责任人负责实施。

3. 相关单位职责

(1) 实行承包、租赁或者委托经营、管理时，产权单位应当提供符合消防安全要求的建筑物，当事人在订立的合同中依照有关规定明确各方的消防安全责任消防车通道、涉及公共消防安全的疏散设施和其他建筑消防设施应当由产权单位或者委托管理的单位统一管理。

(2) 承包、承租或者受委托经营、管理的单位应当遵守法律法规的规定，在其使用、管理范围内履行消防安全职责。

(3) 对于有两个以上产权单位和使用单位的建筑物，各产权单位、使用单位对消防车通道、涉及公共消防安全的疏散设施和其他建筑消防设施应当明确管理责任，可以委托统一管理。

5. 物业管理单位责任

居民住宅区办公楼的物业管理单位应当在管理范围内履行下列消防安全职责：

(1) 制定消防安全制度，落实消防安全责任，开展消防安全宣传教育。

(2) 开展防火检查，消除火灾隐患。

(3) 保障疏散通道、安全出口、消防车通道畅通。

(4) 保障公共消防设施、器材以及消防安全标志完好有效。

其他物业管理单位应当对受委托管理范围内的公共消防安全管理工作负责。

6. 施工单位责任

（1）举办集会、焰火晚会、灯会等具有火灾危险的大型活动的主办单位、承办单位以及提供场地的单位，应当在订立的合同中明确各方的消防安全责任。

（2）建筑工程施工现场的消防安全由施工单位负责。实行施工总承包的，由总承包单位负责。分包单位向总承包单位负责，服从总承包单位对施工现场的消防安全管理。

（3）对建筑物进行局部改建、扩建和装修的工程，建设单位应当与施工单位在订立的合同中明确各方对施工现场的消防安全责任。

二、人员密集场所消防安全责任与职责

人员密集场所的消防安全责任人应由该场所的法定代表人或者主要责任人担任。消防安全责任人可以根据需要确定本场所的消防安全管理人。承包、租赁场所的承租人是其承包、租赁范围的消防安全责任人。消防安全管理人、消防控制室值班员和消防设施操作维护人员应经过消防职业培训，持证上岗。保安人员应掌握防火和灭火的基本技能。电气焊工、电工、易燃易爆化学物品操作人员应熟悉本工种操作过程的火灾危险性，掌握消防基本知识和防火、灭火基本技能。志愿和义务消防队员应掌握消防安全知识和灭火的基本技能，定期开展消防训练，火灾时应履行扑救火灾和引导人员疏散的义务。

1. 人员密集场所产权单位、使用单位或委托管理单位的职责

（1）落实消防安全责任，明确本场所的消防安全责任人和逐级消防负责人。

（2）制定消防安全管理制度和保证消防安全的操作规程。

（3）开展消防法律法规和防火安全知识的宣传教育，对从业人员进行消防安全教育和培训。

（4）定期开展防火巡查、检查，及时消除火灾隐患。

（5）保障疏散通道、安全出口、消防车通道畅通。

（6）确定各类消防设施的操作维护人员，保障消防设施、器材以及消防安全标志完好有效，处于正常运行状态。

（7）组织扑救初期火灾，疏散人员，维持火场秩序，保护火灾现场，协助火灾调查。

（8）确定消防安全重点部位和相应的消防安全管理措施。

（9）制定灭火和应急疏散预案，定期组织消防演练。

（10）建立防火档案。

2. 消防安全责任人职责

（1）贯彻执行消防法规，保障人员密集场所消防安全符合规定，掌握本场所的消防安全情况，全面负责本场所的消防安全工作。

（2）统筹安排生产、经营、科研等活动中的消防安全管理工作，批准实施年度消防工作计划。

（3）为消防安全管理提供必要的经费和组织保障。

（4）确定逐级消防安全责任，批准实施消防安全管理制度和保障消防安全的操作规程。

（5）组织防火检查，督促整改火灾隐患，及时处理涉及消防安全的重大问题。

（6）根据消防法律法规的规定建立专职消防队、志愿消防队或义务消防队，并配备相应的消防器材和装备。

（7）针对本场所的实际情况组织制定灭火和应急疏散预案，并实施演练。

3. 消防安全管理人职责

（1）拟订年度消防安全工作计划，组织实施日常消防安全管理工作。

（2）组织制定消防安全管理制度和保障消防安全的操作规程，并检查督促落实。

（3）拟订消防安全工作的资金预算和组织保障方案。

（4）组织实施防火检查和火灾隐患整改。

（5）组织实施对本场所消防设施、灭火器材和消防安全标志的维护保养，确保其完好有效和处于正常运行状态，确保疏散通道和安全出口畅通。

（6）组织管理专职消防队、志愿消防队或义务消防队，开展日常业务训练。

（7）组织从业人员开展消防知识、技能的教育和培训，组织灭火和应急疏散预案的实施和演练。

（8）定期向消防安全责任人报告消防安全情况，及时报告涉及消防安全的重大问题。

（9）消防安全责任人委托的其他消防安全管理工作。

4. 部门消防安全责任人职责

（1）组织实施本部门的消防安全管理工作计划。

（2）根据本部门的实际情况开展消防安全教育与培训，制定消防安全管理制度，落实消防安全措施。

（3）按照规定实施消防安全巡查和定期检查，管理消防安全重点部位，维护管辖范围的消防设施。

（4）及时发现和消除火灾隐患，不能消除的，应采取相应措施并及时向消防安全管理人员报告。

（5）发现火灾，及时报警，并组织人员疏散和初期火灾扑救。

5. 消防控制室值班员职责

（1）熟悉和掌握消防控制室设备的功能及操作规程，按照规定测试自动消防设施的功能，保障消防控制室设备的正常运行。

（2）对火警信号应立即确认，火灾确认后应立即报火警并向消防主管人员报告，随即启动灭火和应急救援疏散预案。

（3）对故障报警信号应及时确认，消防设施故障立及时排除，不能排除的应立即向部门主管人员或消防安全管理人报告。

（4）不间断值守岗位，做好消防控制室的火警、故障和值班记录。

6. 消防设施操作维护人员职责

（1）熟悉和掌握消防设施的功能和操作规程。

（2）按照管理制度和操作规程等对消防设施进行检查、维护和保养，保证消防设施和消防电源处于正常运行状态，确保有关阀门处于正确位置。

（3）发现故障应及时排除，不能排除的应及时向上级主管人员报告。

（4）做好运行、操作和故障记录。

7. 保安人员职责

（1）按照本单位的管理规定进行防火巡查，并做好记录，发现问题应及时报告。

（2）发现火灾应及时报火警并报告主管人员，实施灭火和应急疏散预案，协助灭火救援。

（3）劝阻和制止违反消防法律法规和消防安全管理制度的行为。

8. 电气焊工、电工、易燃易爆化学物品操作人员职责

（1）执行有关消防安全制度和操作规程，履行审批手续。

（2）落实相应作业现场的消防安全措施，保障消防安全。

（3）发生火灾后应立即报火警，实施扑救。

第二节　火灾事故调查

火灾事故调查，是公安机关消防机构以火灾现场为主体，运用归纳法，按照起火部位、起火点、起火原因的顺序，逆向寻找和追查着火源，查清什么是火源，引燃什么可燃物，确定形成火灾的原因，查清火灾造成的经济损失和人员伤亡情况，然后再查明火灾责任，依法处理火灾责任人，并为研究火灾发生规律，预防和扑救火灾提供科学依据的工作。

一、火灾事故调查的任务

根据《火灾事故调查规定》（2009年4月30日中华人民共和国公安部令第108号发布，根据2012年7月17日《公安部关于修改〈火灾事故调查规定〉的决定》修订）的规定，火灾事故调查的任务是调查火灾原因，统计火灾损失，依法对火灾事故做出处理，总结火灾教训。

调查、认定火灾原因是火灾事故调查的首要任务。一起火灾的发生，是多种因素共同作用的结果。在调查火灾原因中，不仅要查清是如何起火的，还要查清为何起火；不仅要查清起火原因中物的因素，还要查清人的因素，包括思想、技术、组织、制度等方面的因素；不仅要查清起火中各个方面的因素，还要查清上述因素是如何相互影响、相互作用的。只有这样，才能找出在消防安全管理、技术措施、消防设备和火灾扑救中存在的问题，不断总结经验，改善消防安全措施，做好消防安全工作。

二、火灾事故调查的管辖

根据《火灾事故调查规定》的规定，火灾事故调查由县级以上人民政府公安机关主管，并由本级公安机关消防机构实施；尚未设立公安机关消防机构的，由县级人民政府公安机关实施。公安派出所应当协助公安机关火灾事故调查部门维护火灾现场秩序，保护现场，控制火灾肇事嫌疑人。铁路、交通、民航、林业公安机关消防机构负责调查其消防监督范围内发生的火灾。公安机关消防机构接到火灾报警，应当及时派员赶赴现场，并指派火灾事故调查人员开展火灾事故调查工作。

1. 分工

根据《火灾事故调查规定》的规定，火灾事故调查由火灾发生地公安机关消防机构按照下列分工进行：

（1）一次火灾死亡10人以上的，重伤20人以上或者死亡、重伤20人以上的，受灾50户以上的，由省、自治区人民政府公安机关消防机构负责调查。

（2）一次火灾死亡1人以上的，重伤10人以上的，受灾30户以上的，由设区的市或者相当于同级的人民政府公安机关消防机构负责调查。

（3）一次火灾重伤10人以下或者受灾30户以下的，由县级人民政府公安机关消防机构负责调查。

直辖市公安机关消防机构负责第一种和第二种情形规定的火灾事故调查；直辖市的区、县公安机关消防机构负责前款第三种情形规定的火灾事故调查。

除上述所列情形外，其他仅有财产损失的火灾事故调查，由省级人民政府公安机关结合本地实际做出管辖规定，报公安部备案。

2. 跨行政区域火灾调查的情形

根据《火灾事故调查规定》的规定，跨行政区域的火灾，由最先起火地的公安机关消防机构按照上述规定的分工负责调查，相关行政区域的公安机关消防机构予以协助。

对管辖权发生争议的，报请共同的上一级公安机关消防机构指定管辖。县级人民政府公安机关负责实施的火灾事故调查管辖权发生争议的，由共同的上一级主管公安机关指定。

上级公安机关消防机构应当对下级公安机关消防机构火灾事故调查工作进行监督和指导。

上级公安机关消防机构认为必要时，可以调查下级公安机关消防机构管辖的火灾。

3. 公安机关刑侦部门参与调查的火灾情形

具有下列情形之一的，公安机关消防机构应当立即报告主管公安机关通知具有管辖权的公安机关刑侦部门，公安机关刑侦部门接到通知后应当立即派员赶赴现场参加调查涉嫌放火罪的，公安机关刑侦部门应当依法立案侦查，公安机关消防机构予以协助：

（1）有人员死亡的火灾。

（2）国家机关、广播电台、电视台、学校、医院、养老院、托儿所、幼儿园、文物保护单位、邮政和通信、交通枢纽等部门和单位发生的社会影响大的火灾。

（3）具有放火嫌疑的火灾。

4. 其他

军事设施发生火灾需要公安机关消防机构协助调查的，由省级人民政府公安机关消防机构或者公安部消防局调派火灾事故调查专家协助。

三、火灾事故调查的程序

1. 简易程序

（1）同时具有下列情形的火灾，可以适用简易调查程序：

1）没有人员伤亡的。

2）直接财产损失轻微的。

3）当事人对火灾事故事实没有异议的。

4）没有放火嫌疑的。

直接财产损失具体标准由省级人民政府公安机关确定，报公安部备案。

（2）适用简易调查程序时，可以由一名火灾事故调查员调查，并按照下列程序实施：

1）表明执法身份、说明调查依据。

2）调查走访当事人、证人，了解火灾发生过程、火灾烧损的主要物品及建筑物受损等与火灾有关的情况。

3）查看火灾现场并进行照相或者录像。

4）告知当事人调查的火灾事故事实，听取当事人的意见，当事人出示的事实、理由或者证据成立的，应当采纳。

5）当场制作火灾事故简易调查认定书、由火灾事故调查人员、当事人签字或者捺指印后交付当事人。

火灾事故调查人员应当在2日内将火灾事故简易调查认定书报所属公安机关消防机构备案。

2. 一般程序

（1）一般规定

除依照规定适用简易调查程序外，公安机关消防机构对火灾进行调查时，火灾事故调查人员不得少于两人。必要时，可以聘请专家或者专业人员协助调查。

公安部和省级人民政府公安机关应当成立火灾事故调查专家组，协助调查复杂、疑难的火灾。专家组的专家协助调查火灾的，应当出具专家意见。

火灾发生地的县级公安机关消防机构应当根据火灾现场情况，排除现场险情，初步规定现场封闭范围，并根据火灾事故调查需要，及时调整现场封闭范围；设置警戒标志，禁止无关人员进入现场，控制火灾肇事嫌疑人，并在现场勘验结束后及时解除现场封闭。

封闭火灾现场的，公安机关消防机构应当在火灾现场对封闭的范围、时间和要求等予以公告。

公安机关消防机构应当自接到火灾报警之日起30日内做出火灾事故认定；情况复杂、疑难的，经上一级公安机关消防机构批准，可以延长30日。

火灾事故调查中需要进行检验、鉴定的，检验、鉴定时间不计入调查期限。

（2）现场调查

1）询问。火灾事故调查人员应当根据调查需要，对发现、扑救火灾人员，熟悉起火场所、部位和生产工艺人员，火灾肇事嫌疑人和被侵害人等知情人员进行询问。对火灾肇事嫌疑人可以依法传唤。必要时，可以要求被询问人到火灾现场进行指认。

询问应当制作笔录，由火灾事故调查人员和被询问人签名或者捺指印。被询问人拒绝签名和捺指印的，应当在笔录中注明。

2）火灾现场勘验。勘验火灾现场应当遵循火灾现场勘验规则，采取现场照相者录像、录音，制作现场勘验笔录和绘制现场图等方法记录现场情况。

对有人员死亡的火灾现场进行勘验的，火灾事故调查人员应当对尸体表面进行观察并记录，对尸体在火灾现场的位置进行调查。

现场勘验笔录应当由火灾事故调查人员、证人或者当事人签名。证人、当事人拒绝签名或者无法签名的，应当在现场勘验笔录上注明。现场图应当由制图人、审核人签字。

3）现场提取痕迹、物品，应当按照下列程序实施：

①量取痕迹、物品的位置、尺寸，并进行照相或考录像。

②填写火灾痕迹、物品提取清单，由提取人、证人或者当事人签名；证人、当事人拒绝签名或者无法签名的，应当在清单上注明。

③封装痕迹、物品，黏贴标签，标明火灾名称和封装痕迹、物品的名称、编号及其提取时间，由封装人、证人或者当事人签名；证人、当事人拒绝签名或者无法签名的，应当在标签上注明。

提取的痕迹、物品，应当妥善保管。

4）制作现场实验报告。根据调查需要，经负责火灾事故调查的公安机关消防机构负责人批准，可以进行现场实验。现场实验应当照相或者录像，制作现场实验报告，并由实验人员签字。现场实验报告应当载明下列事项：

①实验的目的。

②实验时间、环境和地点。

③实验使用的仪器或者物品。

④实验过程。

⑤实验结果。

⑥其他与现场实验有关的事项。

（3）检验、鉴定

现场提取的痕迹、物品需要进行技术鉴定的，公安机关消防机构应当委托依法设立的鉴定机构进行，并与鉴定机构约定鉴定期限和鉴定检材的保管期限。

公安机关消防机构可以根据需要委托依法设立的价格鉴证机构对火灾直接财产损失进行鉴定。

有人员死亡的火灾，公安机关消防机构应当立即通知本级公安机关刑事科学技术部门进行尸体检验。公安机关刑事科学技术部门应当出具尸体检验鉴定文书，确定死亡原因。

对火灾受伤人员的人身伤害的医学鉴定由法医进行。

卫生行政主管部门许可的医疗机构具有执业资格的医生出具的诊断证明，可以作为公安机关消防机构认定人身伤害程度的依据。但是，具有下列情形之一的，应当进行医学伤害鉴定：

1）受伤程度较重，可能构成重伤的。

2）火灾受伤人员要求作鉴定的。

3）当事人对伤害程度有争议的。

4）其他应当进行鉴定的情形。

对受损单位和个人提供的由价格鉴证机构出具的鉴定意见，公安机关消防机构应当审查下列事项：

1）鉴证机构、鉴证人是否具有资质、资格。

2）鉴证机构、鉴证人是否盖章签名。

3）鉴定意见依据是否充分。

4）鉴定是否存在其他影响鉴定意见正确性的情形。

对符合规定的，可以作为证据使用；对不符合规定的，不予采信。

（4）火灾损失统计

受损单位和个人应当于火灾扑灭之日起 7 日内向火灾发生地的县级公安机关消防机构如实申报火灾直接财产损失，并附有效证明材料。

公安机关消防机构应当根据受损单位和个人的申报、依法设立的价格鉴证机构出具火灾直接财产损失鉴定意见以及调查核实情况，按照有关规定，对火灾直接经济损失和人员伤亡进行如实统计。

（5）火灾事故认定

公安机关消防机构应当根据现场勘验、调查询问和有关检验、鉴定意见等调查情况，及时做出起火原因和灾害成因的认定。

对起火原因已经查清的，应当认定起火时间、起火部位、起火点和起火原因。对起火原因无法查清的，应当认定起火时间、起火点或者起火部位以及有证据能够排除的起火原因。

火灾成因的认定应当包括下列内容：

1）火灾报警、初期火灾扑救和人员疏散情况。

2）火灾蔓延、损失情况。

3）与火灾蔓延、损失扩大存在直接因果关系的违反消防法律法规、消防技术标准的事实。

公安机关消防机构在做出火灾事故认定前，应当召集当事人到场，说明拟认定的起火原因，听取当事人意见；当事人不到场的，应当记录在案。

公安机关消防机构应当制作火灾事故认定书，自做出之 7 日内送达当事人，并告知当事人向公安机关消防机构申请复核和直接向人民法院提起民事诉讼的权利。无法送达的，可以在做出火灾事故认定之日起 7 日内公告送达。公告期为 20 日，公告期满即视为送达。

公安机关消防机构做出火灾事故认定后，当事人可以申请查阅、复制、摘录火灾事故认定书、现场勘验笔录和检验、鉴定意见，公安机关消防机构应当自接到申请之日起 7 日内提供，但涉及国家秘密、商业秘密、个人隐私或者移交公安机关其他部门处理的依法不予提供，并说明理由。

（6）复核

当事人对火灾事故认定有异议的，可以自火灾事故认定书送达之日起 15 日内，向上一级公安机关消防机构提出书面复核申请。复核申请应当载明复核请求、理由和主要证据。

复核申请以一次为限。

复核机构应当自收到复核申请之日起 7 日内做出是否受理的决定并书面通知申请人。有下列情形之一的，不予受理：

1）非火灾当事人提出复核申请的。

2）超过复核申请期限的。

3）已经复核并做出复核结论的。

4）任何双方当事人向人民法院提起诉讼，法院已经受理的。

5）适用简易调查程序做出火灾事故认定的。

公安机关消防机构受理复核申请的，应当书面通知其他相关当事人和原认定机构。

原认定机构应当自接到通知之日起 10 日内，向复核机构做出书面说明，并提交火灾事故调查案卷。

复核机构应当对复核申请和原火灾事故认定进行书面审查，必要时，可以向有关人员进行调查；火灾现场尚存且未变动的，可以进行复核勘验。

复核审查期间，任何一方当事人就火灾向人民法院提起诉讼并经法院受理的，公安机关消防机构应当终止复核。

复核机构应当自受理复核申请之日起 30 内，做出复核结论，并在 7 日内送达申请人和原认定机构。

原火灾事故认定主要事实清楚、证据确实充分、程序合法，起火原因和灾害成因认定正确的，复核机构应当维持原火灾事故认定。

原火灾事故认定具有下列情形之一的，复核机构应当责令原认定机构重新做出火灾事故认定：

1）主要事实不清，或者证据不确实充分的。

2）违反法定程序，影响结果公正的。

3）起火原因、灾害成因认定错误的。

原认定机构接到重新做出火灾事故认定的复核结论后，应当重新调查，在 15 日内重新做出火灾事故认定，并撤销原火灾事故认定书。重新调查需要委托检验、鉴定的，原认定机构应当在收到检验、鉴定意见之日起 5 日内重新做出火灾事故认定。

原认定机构在重新做出火灾事故认定前，应当向有关当事人说明重新认定情况；重新做出的火灾事故认定书，应当按照规定的时限送达当事人，并报复核机构备案。

四、火灾事故调查的处理

1. 调查过程中的处理

公安机关消防机构在火灾事故调查过程中，应当根据下列情况分别做出处理：

（1）涉嫌失火罪、消防责任事故罪的，按照《公安机关办理刑事案件程序规定》立案侦查；涉嫌其他犯罪的，及时移送有关主管部门办理。

（2）涉嫌消防安全违法行为的，按照《公安机关办理行政案件程序规定》调查处理；涉嫌其他违法行为的，及时移送有关主管部门调查处理。

（3）应当给予处分的，移交有关主管部门处理。

对经过调查不属于火灾事故的，公安机关消防机构应当告知当事人处理途径并记录在案。

2. 时限与材料

公安机关消防机构向有关主管部门移送案件的时限及附带材料。公安机关消防机构向有关主管部门移送案件的，应当在本级公安机关消防机构负责人批准后的 24 小时内移送，并根据案件需要附下列材料：

（1）案件移送通知书。

（2）案件调查情况。

（3）涉案物品清单。

（4）询问笔录，现场勘验笔录，检验、鉴定意见以及照相、录像、录音等资料。

（5）其他相关材料。

构成放火罪需要移送公安机关刑侦部门处理的，火灾现场应当一并移交。

公安机关其他部门应当自接受公安机关消防机构移送的涉嫌犯罪案件之日起 10 日内，进行审查并做出决定。依法决定立案的，应当书面通知移送案件的公安机关消防机构；依法不予立案的，应当说明理由，并书面通知移送案件的公安机关消防机构，退回案卷材料。

3. 对公安机关消防机构及其工作人员的处理

公安机关消防机构及其工作人员有下列行为之一的，依照有关规定给予责任人员处分；构成犯罪的，依法追究刑事责任。

（1）指使他人错误认定或者故意错误认定起火原因、灾害成因的。

（2）瞒报火灾、火灾直接经济损失、人员伤亡情况的。

（3）利用职务上的便利，索取或者非法收受他人财物的。

（4）其他滥用职权、玩忽职守、徇私舞弊的行为。

第三节 消防产品质量监督管理

消防产品，是指专门用于预防、扑救火灾和火灾现场防护、逃生的产品。消防产品的质量直接关系公共安全和人身、财产安全，相对于其他产品来说，消防产品既要保证质量，保证一旦遇到火灾时能够发挥应有的作用，同时其本身还要安全，不能因产品本身的原因引发事故或造成财产损失、人员伤亡。消防产品虽然是商品，但又不是一般的商品，必须纳入消防监督范围内，监督生产企业按标准生产，确保产品质量，保证消防产品安全有效。

一、消防产品监督管理的依据

在《中华人民共和国消防法》《中华人民共和国产品质量法》（2000 年修正，以下简称《产品质量法》）、《中华人民共和国认证认可条例》（2003 年 9 月 3 日国务院令第 390 号）、《强制性产品认证管理规定》（2009 年 7 月 3 日国家质量监督检验检疫总局第 117 号令）以及地方法规中，对消防产品的监督管理工作都有明确规定。

1. 消防法有关规定

（1）对消防产品的要求

1）明确了对消防产品的基本要求，规定消防产品必须符合国家标准；没有国家标准的，必须符合行业标准。禁止生产、销售或者使用不合格的消防产品以及国家明令淘汰的消防产品。

2）明确了消防产品强制认证制度，规定依法实行强制性产品认证的消防产品，由具有法定资质的认证机构按照国家标准、行业标准的强制性要求认证合格后，方可生产、销售、使用。新研制的尚未制定国家标准、行业标准的消防产品，应当按照国务院产品质量监督部门会同国务院公安部门规定的办法，经技术鉴定符合消防安全要求的，方可投入生产、销售和使用。实行强制性产品认证的消防产品目录，由国务院产品质量监督部门会同国务院公安部门制定并公布。新研制的尚未制定国家标准、行业标准的消防产品，应当按照国务院产品质量监督部门会同国务院公安部门规定的办法，经技术鉴定符合消防安全要求的，方可生产、销售、使用。经强制性产品认证合格或者技术鉴定合格的消防产品，国务院公安部门消防机构应当予以公布。

3）明确了消防产品的监督检查主体，规定产品质量监督部门、工商行政管理部门、公安机关消防机构应当按照各自职责加强对消防产品质量的监督检查。

（2）法律责任

1）规定了对违法生产、销售和使用消防产品行为的处罚主体和具体处罚内容。规定对生产、销售不合格的消防产品或者国家明令淘汰的消防产品的，由产品质量监督部门或者工商行政管理部门依照《产品质量法》的规定从重处罚。对人员密集场所使用不合格的消防产品或者国家明令淘汰的消防产品的，由公安机关消防机构责令限期改正，逾期不改正的，给予罚款处罚；情节严重的，责令停产停业。

2）规定了消防产品监督管理中的部门协作制度，规定公安机关消防机构对于人员密集场所违法使用消防产品的情形，除依法对使用者给予处罚外，还应当将发现的不合格消防产品和国家明令淘汰消防产品的情况通报产品质量监督部门、工商行政管理部门。产品质量监督部门和工商行政管理部门应当对生产者、销售者依法及时查处。

（3）消防技术服务机构的法律责任

消防产品质量认证、消防设施检测等消防技术服务机构出具虚假文件的，责令改正，处5万元以上10万元以下罚款，并对直接负责的主管人员和其他直接责任人员处1万元以上5万元以下罚款；有违法所得的，并处没收违法所得；给他人造成损失的，依法承担赔偿责任；情节严重的，由原许可机关依法令停止执业或者吊销相应资质、资格。

2. 产品质量法的有关规定

（1）产品质量应当检验合格，不得以不合格产品冒充合格产品。

（2）禁止生产、销售不符合保障人体健康和人身、财产安全的标准和要求的工业产品。具体管理办法由国务院规定。

（3）生产者生产产品，不得掺杂、掺假，不得以假充真、以次充好，不得以不合格产品冒充合格产品。

（4）销售者销售产品，不得掺杂、掺假，不得以假充真、以次充好，不得以不合格产品冒充合格产品。

（5）生产、销售不符合保障人体健康和人身、财产安全的国家标准、行业标准的产品的，责令停止生产、销售，没收违法生产、销售的产品，并处违法生产、销售产品（包括已售出和未售出的产品，下同）货值金额等值以上3倍以下的罚款；有违法所得的，并处没收违法所得；情节严重的，吊销营业执照；构成犯罪的，依法追究刑事责任。

（6）在产品中掺杂、掺假，以假充真，以次充好，或者以不合格产品冒充合格产品的，责令停止生产、销售，没收违法生产、销售的产品，并处违法生产、销售产品货值金额50%以上3倍以下的罚款；有违法所得的，并处没收违法所得；情节严重的，吊销营业执照；构成犯罪的，依法追究刑事责任。

二、消防产品监督管理的要求

消防产品监督管理的根本要求，是确保消防产品的质量。因为消防产品质量直接关系到消防安全，因此，加强消防产品的质量监督管理，把确保消防产品质量放到突出的位置上，是做好消防工作的客观要求，也是各级公安消防机构的一项重要工作。

所谓消防产品质量，就是指产品适合一定的用途，具备其应有功能，满足消防使用要求所具备的特性和特征的总和。衡量消防产品质量优劣，通常应综合考虑以下几个方面的内容：

1. 性能

产品性能是指消防产品所具有的特性和功能。对产品的性能要求，往往是通过各种性能指标来表示。例如消防泵，其主要技术性能为扬程、流量、吸上高度、引水时间和功率等；而消防应急灯具，其主要技术性能为应急转换时间、持续工作时间、亮度等。

2. 使用寿命

产品使用寿命是指消防产品在规定的使用条件下，完成规定功能工作的总时间。对于不可维修的消防产品，其使用寿命就是它的使用时间。

3. 可靠性

产品可靠性是指消防产品在规定时间和条件下，完成规定功能的能力。可靠性一般包括耐久性、易维修性和设计可靠性，这些都与产品在使用过程中的稳定性和无故障性联系在一起。

4. 安全性

产品安全性是指消防产品在使用及储存过程中，保证使人身和周围环境免遭危害的程度。如灭火器筒体等部件若强度不够，在使用和储运中极易发生爆裂伤人事故。

5. 经济合理性

产品经济合理性是指消防产品寿命周期总费用的多少。产品寿命周期总费用包括制造成本和使用成本，制造成本低，产品的价格才能低廉，使用成本低，用户使用产品的费用就低。

复习思考题

1. 单位主要负责人的消防安全职责是什么？
2. 火灾事故调查的任务有哪些？
3. 简述火灾事故调查的简易程序。
4. 简述火灾事故调查的一般程序。
5. 消防产品监督管理的要求有哪些？

第七章

火灾应急救援

本章学习目标

1. 能够根据不同情况的火灾合理选择正确的救援方法。
2. 具备按照应急预案的框架编写专项应急预案的能力。
3. 根据设定的场景，分组完成应急预案的演练实训。

第一节　建筑火灾应急救援

一、高层建筑火灾的特点

我国最新颁布的《建筑设计防火规范》（GB 50016—2014）规定：建筑高度超过 24 m 的公共建筑和建筑高度超过 27 m 的住宅建筑称为高层建筑。其特点是体积高大、功能复杂、人员密集的建筑，这些建筑一旦发生火灾，容易造成重大损失和人员伤亡事故。结合建筑结构、构造方式、建筑材料等因素，高层建筑火灾有以下特点：

1. 烟气蔓延途径多，容易形成立体火灾

高层建筑竖向管井、共享空间等部位，易产生“烟囱”效应，造成烟、火蔓延迅速。随着火势沿外墙窗口向上升腾、卷曲，甚至跳跃式向上层蔓延，火灾烟气携带的大量热量可以很快充满整个建筑物，高温的浓烟遇到可燃物就会引起燃烧，加速火势蔓延。

火由起火房间向外蔓延是通过可燃物的直接燃烧、热传导、热对流和热辐射扩大蔓延的，其蔓延主要有如下的途径：

(1) 内墙门

建筑物内房间起火，最后蔓延到整个建筑物，原因大多是因为内墙门未能把火挡住。火通过内门，经走廊再通过相邻房间敞开的门进入房间，把室内可燃物烧着。通常走廊内即使没有任何可燃物，强大热流和未完全燃烧产物的扩散，仍能把火势蔓延到很远的房间。

(2) 外墙窗口

室内火灾发展到全面燃烧阶段，大量高温烟气、火焰喷出窗口，将会烧坏上层玻璃窗或直接通过打开的窗口引起火势向上层蔓延。外墙窗口消出的高温烟气、火焰除了造成建筑物层间蔓延之外，高温火焰的热辐射还对相邻建筑物及其他可燃物构成威胁。

(3) 楼板上的孔洞及建筑物内的各种管道竖井

由于建筑物功能的需要，建筑物中设有许多竖向井道和开口部位，如楼梯井、电梯井、电缆井、垃圾井、通风和排烟井道等。这些竖井管道和开口部位贯穿若干楼层甚至整个楼层，在建筑物发生火灾时，会产生烟囱效应，导致火势迅速向上层蔓延。实验测得，高温烟气在竖向井道内向上蔓延的速度可达3~5 m/s。

(4) 房间隔墙

房间隔墙如果是可燃材料，或者虽是不燃、难燃材料建造的，如果耐火性能差，这样在火灾高温作用下则会被烧穿，使火灾蔓延到相邻房间。

(5) 穿越楼板、墙壁的管线和缝隙

室内发生火灾时室内上半部处于正压状态，会迫使火焰和热气流通过该室管线穿过楼板和墙壁的任何缝隙孔洞，把火灾蔓延出去。此外，穿过房间的金属管线在火灾高温作用下，有时也会因热传导将热量传到相邻房间一侧，引起相邻房间起火。

(6) 闷顶、中庭

由于烟火是向上升腾的，因此吊顶天棚上入孔、通风口等都是烟火窜入的孔洞。闷顶内往往没有防火分隔，空间很大，很容易使火势水平蔓延，并通过闷顶内的孔顶内孔洞向四周、下面的房间蔓延，且在蔓延的过程中不易发现。因此，高层建筑的闷顶或中庭是火、烟垂直蔓延的重要通道。

2. 疏散困难，容易造成重大伤亡事故

高层建筑为了满足多种功能的需要和达到整体建筑艺术效果，往往形成比较复杂的结构，而且高层建筑大量使用新型的高分子合成建筑材料，发生火灾时烟雾中混有大量的有毒气体，严重威胁着被困人员和消防指战员的生命安全，给人员和物资疏散带来困难。具体体现在：一是建筑平面布局多样，通道曲折疏散不便；二是层数多，垂直距离远，需要较长的疏散时间；三是人员密集场所，火灾时人们容易惊慌，竞相逃命，出现拥挤，阻塞疏散通道；四是由于火灾蔓延较快，着火层以上的疏散通道充斥大量烟雾，给疏散带来困难，甚至威胁人们的生命安全。

二、建筑火灾的应急救援

应急救援是指事故发生前以及事故发生期间和事故发生后立即采取的行动。目的是通过发挥预警、疏散、搜寻和营救以及提供医疗服务等紧急功能，使人员伤亡和财产损失减少到最小。

当发生高层建筑火灾事故后，事故发生的项目部应立即启动火灾处置方案，向“119”“110”报警，必要时向“120”求助。同时根据燃烧物质、燃烧特点等具体情况，正确使用灭火器材和消防水源，组织扑救初起火患，并组织人员快速疏散、转移贵重物品到安全的地方。

1. 救援时应注意的问题

（1）严禁乘坐普通电梯

建筑物内部起火时，普通电梯不能做安全疏散用。这是因为：一是电梯井拔烟火作用很强，容易扩大火势；二是在火灾时，电梯井内烟雾浓，不能确保安全；三是在发生火灾时，非消防用电都要断电，容易被困。

（2）疏散通道

楼梯是建筑物唯一的安全疏散设施，楼梯间要有效地防止乱堆乱放材料物品及烟火侵入，确保楼梯的畅通无阻。

（3）疏散时间

火场内的浓烟、高温、缺氧等致人伤亡的时间在5~6 min，所以人员疏散必须控制在3 min内，才能有效地确保安全。

2. 预案的启动

发生高层建筑火灾事故的项目部或者小区，应当及时向公司高层建筑火灾事故救援指挥部办公室或上级单位报告。公司高层建筑火灾事故救援办公室或上级部门接到报告后，根据火灾事故的严重程度判断是否需要启动应急预案，必要时立即向建筑火灾事故救援指挥部总指挥、副总指挥报告，而后启动应急预案，通知指挥部各小组成员和相关部门人员赶赴火灾事故现场，及时开展扑救抢险工作。

高层建筑火灾事故救援指挥部总指挥、副总指挥到达火灾事故现场后，简要听取火场情况汇报，根据具体情况，调动抢险机械设备、运输车辆和救援人员，全面开展扑救指挥工作。

各高层建筑火灾事故救援指挥组成员要按职责分工，服从领导，听从指挥，密切配合，协同作战，确保高层建筑火灾事故救援工作有条不紊开展。

高层建筑施工火灾事故发生后，或其他施工现场发生火灾事故后，公司实施救援并协助上级部门进行火灾事故调查处理的指导性方案，在实施过程中应根据不同的情况随机进行处置。

三、建筑火灾救援时的注意问题

扑救建筑火灾，必须充分发挥移动消防装备的作用，积极抢救人员和疏散建筑装饰材料，有效地控制火势，消灭火灾。具体从以下几个方面做起：

1. 正确选择停车位置

据调查，绝大多数建筑工地因为没有确立消防控制中心，只有便携式的灭火器从而缺少大规模扑救的大型消防器材。当执勤消防中队到场后，要迅速找到火势蔓延的主要方向和下风方向，以及正确选择停车位置，确保执勤消防中队到场后迅速展开。

2. 准确迅速查明火情

及时、准确地获取火场信息是实施科学决策和开展灭火战斗行动的先决条件。各级指挥人员必须严格按照调阅灭火预案、外部侦察、询问知情人、消防控制中心询情、内部侦察5道程序，迅速查明着火楼层火势发展蔓延情况、有人员被困情况、建筑内部消防设施运行情况、进攻路线等情况。

3. 携带足够的装备进入进攻起点层

扑救建筑火灾，进攻起点层一般选择在着火层下一、二层。火势不大，能够直接控制时，可选在着火层。该层既是进攻起点层，同时也是前沿指挥所和灭火救援装备集结点。攻坚作战人员要尽可能一次性携带足够的灭火救援装备到达起点层，战勤保障工作也应前移到该处。同时要注意以下三点：一是必须带足能保证1个小时作战需要的防护装备，如空气呼吸器、紧急呼救器、头灯、安全导向绳等，特别是空气呼吸器要考虑携带备用钢瓶；二是必须带足与固定设施配套的灭火装备，如消火栓变口和阀门、水带、水枪等；三是根据作战需要，携带铺设移动供水干线所需装备。

4. 积极疏散抢救人命

疏散救人是灭火战斗行动的第一要务。救援和疏散顺序应该按照着火层→着火层上层→着火层再上层和着火层下层→其他楼层依次进行。疏散救人主要采取应急广播指导疏散、消防员引导疏散、深入烟火区域搜寻、举高消防车救人、消防直升飞机救人，擦窗工作机救人，缓降器、救生软梯、安全绳救人，救生气垫救人等途径。在深入烟火区域搜寻时，要划分搜寻楼层和区域，规定统一的标识，以免反复搜救浪费时间。利用缓降器、救人软梯、安全绳施救时，要充分利用消防竖管、疏散楼梯扶手等进行支点固定。

5. 建筑火灾的灭火与供水

建筑发生火灾，要确保第一时间“出枪”、第一时间控火。首先要善于利用固定设施灭火，及时启动消防水泵供水。其次要做好固移结合的战斗准备，消防车要快速占领就近水源连接水泵和喷淋结合器，或连接首层墙壁消火栓，随时做好补给供水的准备。最后随时做好消防车沿建筑物外墙、楼梯间、电梯井、曲臂车登高平台等处垂直铺设水带直接灭火准备。垂直铺设水带的方法主要有一次性登高施放法、地面施放吊升法和分层登高施放法三种。一次性登高施放法虽然战斗人员体能消耗较大，但安全系数高、实战效果好。供水车辆的选择应以压缩泡沫消防车、高压消防车、中压消防车为主。

6. 科学组织火场排烟

建筑工地的工棚和建材库房发生火灾，一般采用打开门窗自然排烟，或用喷雾水枪进行稀释烟雾。当正在进行施工的高层建筑发生火灾，会产生大量的烟雾，严重影响灭火行动时，在利用门窗、孔洞自然排烟的同时，应利用移动排烟机排烟，排烟的位置应选择在下风适当地方。

第二节　电气火灾应急救援

一、火灾救援中触电事故的救援

1. 人员的救援

当发现电气火灾现场有人触电时，应设法迅速使触电者摆脱电源：如开关箱在附近，可立即拉下闸刀或拔掉插头，断开电源；如距离闸刀较远，应迅速用绝缘良好的电工钳或有干燥木柄的利器（刀、斧、锹等）砍断电线，还可用干燥的木棒、竹竿、硬塑料管等物迅速使电线脱离触电者。

对触电后神志清醒者要有专人照顾、观察，情况稳定后，方可让其正常活动；对轻度昏迷或呼吸微弱者，可针刺或掐人中、十宣、涌泉等穴位，并送医院救治。

对触电后无呼吸但心脏有跳动者，应立即采用人工呼吸；对有呼吸但心脏停止跳动者，则应立刻进行胸外心脏挤压法进行抢救。

如触电者心跳和呼吸都已停止，则须同时采取人工呼吸和俯卧压背法、仰卧压胸法、心脏挤压法等措施交替进行抢救。

2. 电力线路、电气设备火灾的救援

当电力线路、电气设备发生火灾，引着附近的可燃物时，一般都应采取断电灭火的方法，即根据火场不同情况，即时切断电源，然后进行扑救。要千万注意不能先用水救火，用水救火可能会使人触电，而且达不到救火的目的，损失反而更加惨重。

当发生电气火灾，只有在确定电源已被关闭的状态下，才可实施用水救火。在不确定电源是否关闭的情况下，可使用干粉、二氧化碳、四氯化碳等灭火剂扑救。即使已经意外停电，仍然一定要注意关闭电源开关。

电气火灾灭火时，可手提或肩扛灭火器奔赴火场，在距燃烧处 5 m 左右，放下灭火器。如在室外，应选择在上风方向喷射。使用内置式储气瓶或者储压式的干粉灭火器，应先将开启把上的保险销拔下，然后握住喷射软管前端喷嘴部，另一只手将开启把压下，打开灭火器对准火焰根部进行扫射灭火。注意一手应始终压下压把，不能放开，否则会中断喷射。

二、电气火灾预防

1. 防治短路

由于短路时电流突然增大，发热量很大，不仅能使绝缘材料燃烧，而且能使金属熔化，产生火花引起邻近的易燃、可燃物质燃烧造成火灾。预防电气短路应做到临时线路必须护套线，导线绝缘必须符合电路电压要求。导线与导线、导线与墙壁和顶棚之间应有符合规定的间距。线路上要安装合适的熔丝和漏电断路器。

2. 防治超荷载

根据负荷合理选用导线截面，不得随意在线路上接入过多负载。要定期检查线路负荷增减情况，按实际情况去掉过多的电气设备或另增线路。或者根据生产程序和需要，采取先控制后使用的方法，合适安排用电时间。

3. 防治电火花和电弧

裸导线间或导体与接地体间应保持有足够的距离。保持导线支持物良好完整，防止布线过松，导线连接要牢固。经常检查导线的绝缘电阻，保持绝缘的强度和完整。熔丝或开关应装在不燃烧的基座上并用不燃箱盒保护。不应带电安装和修理电气设备。

三、电气火灾触电事故原因

电气火灾发生触电事故的主要原因如下：

（1）缺乏电气安全知识，盲目救援导致触电伤亡。

（2）带电灭火措施不力。

（3）火情侦察不明。

（4）安全防护缺失。

四、预防电气火灾事故措施

1. 积极推广应用带漏电保护功能的断路器

要防止电弧性接地短路，应大力推广使用带漏电保护功能的断路器。就一般建筑而言，除线路末端装设 30 mA 的漏电保护器（RCD）外，进线处应装设带漏电保护功能的三相四线断路器，漏电动作电流可选 300 mA 或 500 mA，带 0.15~0.3 s 延时。带漏电保护功能的断路器其延时功能可与第二级 30 mA 的 RCD 配合，实现选择性保护，而且 500 mA 以下电弧能量尚不足以引燃起火。因此，如果能在楼房的电源进线上装设带漏电保护功能的断路器，就可有效地消除接地电弧产生的隐患，从而大幅度降低单相接地短路引发的火灾。

2. 防止高次谐波引起的火灾隐患

一般来说，谐波对住宅用户的影响比公共建筑小得多。目前只能采取增大线路截面，特别是增大中性线截面的办法，以减小回路阻抗，这样减少高次谐波电流在回路阻抗上产生的谐波电压，可相应减少线路的谐波含量。对于公用建筑来说，防止谐波危害，除了采取减少线路阻抗的措施外，还可以装设有源（或无源）谐波滤波器、谐波抵消器来滤除或抵消谐波分量。

3. 改造老旧线路，消除电气火灾隐患

对于年代久远的建筑物其老化线路应使用铜芯电线（电缆）进行更新，彻底消除火灾隐患。铝接线端和铜端子连接时，铝接线端应搪锡，铜线和铝线连接应采用铜铝过渡接头。新的建筑工程应该严格按照《住宅设计规范》（GB 50096—2011）的要求进行设计。

4. 适当提高设计标准，确保施工质量

随着经济发展，今后会有更多的用电设备进入家庭和写字楼，电气设计应以发展的眼光选择导线截面，适应未来的需要。同时还应充分考虑到导线载流量偏大问题，严格控制线路的长度不超过允许范围，杜绝隐患。在施工中应严格按规范操作，做好线路连接、大功率灯具防火、保护线路绝缘、防止中性线断裂等工作，消除不必要的隐患。另外，我国国家标准《建筑防火设计规范》《电气施工验收规范》等与 IEC（国际电工委员会）相关标准有一定的差距，一些电气火灾隐患的防范在这些规范中未作具体规定，因此应提高国家标准及规范的电气安全水平，并制定导线载流量的国家标准，以利于防止电气火灾措施的落实。

5. 提高安全用电意识

提高安全用电的意识，从思想上认识到灭火救援触电事故及电气火灾带来的危害，防止灭火救援触电事故及电气火灾事故的发生，加强员工的消防灭火救援意识培训，进行电气火灾救援培训和电气火灾救援中触电紧急救护方法培训。

五、电气火灾事件的应对及预案的启动与结束

电气火灾事故发生后，事故现场的其他作业人员，应及时将现场情况报告主管领导，主管领导应及时报告领导小组的正、副组长，同时将情况报告安全生产监督管理部门。事故现场的其他作业人员也可直接报告领导小组的正、副组长，同时将情况报告安全生产监督管理部门。领导小组的正、副组长接到报告后，根据具体情况，确定

是否启动灭火救援预案。

现场灭火救援人员应配合医疗人员做好受伤人员的紧急救护工作，安全生产监督管理部门人员应做好现场的保护、拍照、事故调查等善后工作。现场的灭火救援工作完毕后，应急行动也宣告结束。事故的调查和处理工作属正常工作范围，各相关部门与人员应积极配合。

第三节　危险化学品火灾应急救援

一、危险化学品火灾的特点

危险化学品火灾会在极短时间内，释放出大量能量，产生高温，并放出大量气体，在周围介质中造成高压的化学反应或状态变化，同时破坏性极强。

1. 危险化学品爆炸的特征

（1）爆炸过程高速进行。

（2）爆炸点附近压力急剧升高，多数爆炸伴有温度升高。

（3）发出或大或小的响声。

（4）周围介质发生震动或邻近的物质遭到破坏。其中，爆炸点及其周围压力急剧升高是爆炸最主要的特征。

2. 危险化学品火灾的处置

危险化学品火灾事故发生突然、扩散迅速、危害范围广，应急救援行动必须迅速、准确和有效，企业必须事先制定好事故应急预案，落实好救援工作的各项准备措施。首先，预案要对危险源进行辨识和评估，制定不同危险化学品火灾的处置措施，落实应急救援指挥机构、人员及其职责，明确应急救援物资、装备存放的地点及负责人，做到预先有准备，及时有效实施救援。其次要加强救援队伍建设。制定预案后，企业要组织员工进行培训，使员工熟悉预案相关内容。并定期组织演练，确保预案的可行性。危险化学品专业救援队伍和消防队要深入到危险化学品企业调查研究，按照预案组织联合实战演练，提高救援人员的技术水平与救援队伍的整体作战能力。

二、危险化学品火灾的救援

1. 应急救援原则

（1）政府统一指挥

危险化学品火灾事故应急救援是一项涉及面广、专业性很强的工作，必须由政府统一指挥，公安、消防、交警、安监、环保、卫生等部门分工合作，密切配合，协同作战，迅速有效地组织和实施应急救援。

（2）企业自救

危险化学品火灾初期燃烧面积不大，烟气流动速度缓慢，火焰辐射热量不多，是扑救火灾的最好时机，只要选用正确的灭火剂容易将火控制或扑灭。因此在危险化学品火灾初期，企业要组织本单位的救援队伍快速地进行处置，控制火灾蔓延速度，为专业救援队伍扑救火灾赢得宝贵时间。

（3）社会支援

危险化学品火灾影响范围广，施救难度大，疏散人员多，需要大量的人力、物力。处置危险化学品火灾需要社会各方的支持，包括人员疏散、救援物资、装备、避难场所等。

2. 实施科学的应急救援方法

（1）应急防护

危险化学品有毒有害、易腐蚀和易爆炸，因此在处置危险化学品灾害事故时，要做好自我防护。根据危险化学品的理化性质，不同的危险区域，应加强对参与处置的人员进行不同等级的防护，佩戴相应的个人防护用品，确保应急人员的安全。

（2）询查灾情

救援人员到达事故现场后，要了解被困人员情况，查明燃烧物品、燃烧范围及其周围物品的品名和主要危险特性、火势蔓延的主要途径，为下一步使用适合的灭火剂提供依据。

（3）侦察现场

侦察现场是为指挥机构确定应急救援方案提供决策依据，包括搜寻被困人员，了解消防设施运行情况，生产装置、控制路线、建（构）筑物损坏程度，现场及周边污染情况等。

（4）划定警戒区域

根据询情、侦察情况确定警戒区域，将警戒区域划分为重危区、中危区、轻危区和安全区，并设立警戒标志，在安全区视情况设立隔离带，合理设置出入口，严格控制各区域进出人员、车辆、物资。

（5）救护被困人员

应急救援人员在确保安全的前提下，携带救护器材迅速进入现场，将所有遇险人员移至安全区域，对救出人员进行登记、标识和现场急救，将伤情较重者送交医疗急救部门救治。

（6）控制险情

救援人员利用灭火剂扑灭外围被火源引燃的可燃物火势，切断火势蔓延途径，控制燃烧范围，并利用水枪对燃烧罐（桶）及其邻近容器进行冷却保护。

（7）实施灭火

当外围火点已彻底扑灭，堵漏工作准备就绪后，根据燃烧危险化学品种类，选择最适合的灭火剂和灭火方法。扑救压缩或液化气体应选用干粉、二氧化碳、卤代烷灭火；扑救易燃液体可用泡沫、干粉、卤代烷或雾状水；扑救爆炸物品火灾可采用水流进行吊射，切忌用强力水流直接冲击堆垛或用沙土盖压，以免增强爆炸物品爆炸时的威力；扑救遇湿易燃物品火灾应用干粉、二氧化碳、卤代烷灭火剂扑救．绝对禁止用水、泡沫、酸碱灭火器等湿性灭火剂扑救。

（8）现场清理

为防止造成次生灾害，针对事故对人体、动植物、土壤、水源、空气造成的危害，对现场进行洗消、清理等措施。洗消可用酸碱中和或洗涤剂浸洗，然后用大量水冲洗，洗消污水的排放必须经过环保部门检测合格。清理少量残液．可用干砂土、水泥粉、煤灰、干粉等吸附；大量残液，用防爆泵抽吸或使用无火花盛器收集，集中处理。

总之，在处置危险化学品火灾事故过程中，要了解危险化学品的理化基础知识，掌握危险化学品事故的危害性。

三、受伤人员救护

1. 受伤人员抢救原则

（1）救援人员进入有毒气体区域必须两人以上分组进行。

（2）救援人员必须在确保自身安全的前提下进行救护。

（3）救援人员必须听从指挥，了解有毒物质特性及现场情况，防护器具佩戴齐全。

（4）迅速将伤员抬离现场，搬运方法要正确，搬运伤员时需遵守下列规定：

1）根据伤员的伤情，选择合适的搬运方法和工具，注意保护受伤部位。

2）呼吸已停止或呼吸微弱以及胸部、背部骨折的伤员，禁止背运，应使用担架或双人抬送。

3）搬运时动作要轻，不可强拉，运送要迅速及时，争取时间。

4）严重出血的伤员，应采取临时止血包扎措施。

2. 受伤人员分类

按照危险化学品可能导致的伤害，可将受伤人员进行以下分类：

（1）化学性烧伤

化学性烧伤包括盐酸体表烧伤和硫酸体表烧伤两种，其中也包括眼部的接触烧伤，主要伤害对象为中心化验室化验人员。

（2）高温物理性烧伤

高温物理性烧伤包括直接接触高温物体表面的烧伤，高温铁（钢）水、蒸汽烫伤，发生爆炸事故而导致的高温烫伤以及高温热焰烧伤，主要伤害对象为岗位作业人员。

（3）气体中毒和窒息

气体中毒和窒息包括吸入有毒气体导致的中毒和因为环境中氧气浓度低而导致的窒息伤害，伤害对象主要为岗位作业人员。

3. 现场救治方案

（1）化学性烧伤

立即脱去被污染衣着，迅速用流动的清水冲洗至少 15 min 后迅速就医。

（2）高温物理性烧伤

立即脱去燃烧起火的衣服或者找水源冲洗受伤部位及灭火，迅速就医。

四、现场保护

危险化学品火灾事故发生后，护卫队迅速封闭现场各个道路口。发生爆炸类事故时，沿爆炸的残局半径封锁，其他类事故沿事故发生现场和污染区域封锁。事发单位应急救援指挥部事故处理组迅速介入，对现场取证分析，开展事故调查，禁止其他无关人员进入。

第四节　火灾事故应急救援预案

一、应急救援预案的基本要求

制定应急救援预案的目的是发生火灾事故或紧急情况时，能以最快的速度发挥最大的效能，有序地实施响应和救援，达到尽快控制事态发展，降低事故造成的危害，减少事故损失和对生态环境的污染与破坏。

应急救援预案的基本要求为：

1. 科学性

火灾事故的应急工作是一项科学性很强的工作，制定预案也必须以科学的态度，在全面调查研究的基础上，开展科学分析和论证，制定出严密、统一、完整的应急反应方案，使预案真正具有科学性。

2. 实用性

应急救援预案应符合火灾事故现场和当地的客观情况，具有适用性、实用性和针对性，便于现实操作。

3. 权威性

救援工作是一项紧急状态下的应急性工作，所制定的应急救援预案应明确救援工作的管理体系，救援行动的组织指挥权限和各级救援组织的职责和任务等一系列的行政性管理规定，保证救援工作的统一指挥。应急救援预案还应经上级部门批准后才能实施，保证预案具有一定的权威性和法律保障。

二、应急救援预案的作用

应急救援预案在应急系统中起着关键作用，它明确了在突发事故发生之前、发生过程中，以及刚刚结束之后，谁负责做什么，何时做，相应的策略和资源准备等。它是针对可能发生的火灾事故及其影响和后果严重程度，为应急准备和应急响应的各个方面所预先做出的详细安排，是开展及时、有序和有效事故应急救援工作的行动指南。

应急救援预案在应急救援中的突出重要作用和地位体现在以下几点：

（1）应急救援预案明确了应急救援的范围和体系，使应急准备和应急管理不再是无据可依、无章可循，尤其是培训和演练工作的开展。

（2）制定应急救援预案有利于做出及时的应急响应，降低火灾事故的后果。

（3）作为各类火灾事故的应急基础。通过编制基本应急救援预案，可保证应急救援预案足够的灵活性，对那些事先无法预料到的突发事故或事故，也可以起到基本的应急指导作用，成为开展应急救援的“底线”。在此基础上，可以针对特定危害编制专项应急救援预案，有针对性地制定应急措施，进行专项应急准备和演练。

（4）当发生超过应急能力的重大火灾事故时，便于与上级应急部门的协调。

（5）有利于提高消防安全风险防范意识。

三、应急救援预案层次

1. 按照责任主体分类

从行政层面上，根据可能发生的火灾事故造成的事故后果的影响范围、地点及应急方式，建立我国事故应急救援体系，可将应急救援预案分为以下5种级别：

（1）企业级应急救援预案

这类事件的有害影响局限在一个单位的界区之内，并且可被现场的操作者遏制和控制在该区域内。这类事故可能需要投入整个单位的力量来控制，但其影响预期不会扩大到社区或公共区。

（2）县/区级应急救援预案

这类事件所涉及的影响可扩大到公共区（社区），但可被该县（市、区）或社区的力量，加上所涉及的工厂或工业部门的力量所控制。

（3）市/地级应急救援预案

这类事件影响范围大，后果严重，或是发生在两个县或县级市管辖区边界上的事故。应急救援需动用地区的力量。

（4）省级应急救援预案

对可能发生的特大火灾、爆炸、毒物泄漏事故、特大危险品运输事故以及属省级特大事故隐患、省级重大危险源应建立省级应急救援预案。它可能是一种规模极大的灾难事故，或可能是一种需要用事故发生的城市或地区所没有的特殊技术和设备进行处理的特殊事故。这类事故需用全省范围内的力量来控制。

（5）国家级应急救援预案

对火灾事故的事故后果超过省、直辖市、自治区边界或事故应急处理能力，以及列为国家级事故隐患、重大危险源的设施或场所的特别重大和重大的火灾及其次生灾害事件，需要国家统一协调、指导和响应的突发事故应制定国家级应急救援预案。

国务院颁发的《国家突发公共事件总体应急救援预案》是全国应急救援预案体系的总纲，规定了国务院应对重大突发公共事件的工作原则、组织体系和运行机制，对于指导地方各级政府和各部门有效处置突发公共事件，保障公众生命财产安全，减少灾害损失，具有重要作用。根据突发公共事件的发生过程、性质和机理，政府预案将突发公共事件分为自然灾害、事故灾难、突发公共卫生事件和突发社会安全事件四大类。

政府预案与企业预案主要区别在于政府负责发生在其辖区范围内的所有重大事故的应急响应，主要侧重于应急救援的整体实施的部署工作，政府预案侧重于宏观方面，是具有指导性的预案。而企业负责的是本企业内部的事故应急救援，企业预案是针对具体事故或事件所做的预案，超出了企业的范围也是在政府的统一协调下进行的具体行动，是微观方面的具体方案。政府预案编写时一般停留在应急程序阶段，不需要编写具体应急作业的基层文件，但应对各部门编写相应预案做出要求。企业预案应从组织机构到具体应急方法都做出详细的规定。

政府预案与企业预案主要联系在于政府预案应以企业预案为基础，两者的应急资源和人员应共享，互成为一个有机整体。

2. 按功能与目标分类

应急救援预案从功能与目标上可以划分为四种类型：综合预案、专项预案、现场预案和单项应急救援方案。

一般来说，综合预案是总体、全面的预案，以场外指挥与集中指挥为主，侧重在应急救援活动的组织协调。一般大型企业或行业集团，下属很多分公司，比较适于编制这类预案，可以做到统一指挥和资源的最大利用。

专项预案主要针对某种特有和具体的事故灾难风险（灾害种类），如危险化学品火灾或爆炸、地震、重大工业事故、流域重大水体污染事故等，采取综合性与专业性的减灾、防灾、救灾和灾后恢复行动。

现场预案则是以现场设施或活动为具体目标所制定和实施的应急救援预案，如针对某一重大工业危险源、特大工程项目的施工现场或拟组织的一项大规模公众集聚活动。现场预案编制要有针对性，内容具体、细致、严密。

单项应急救援方案，主要针对一些单项、突发的紧急情况所设计的具体行动计划。一般是针对有些临时性的工程或活动，如大厦封顶、大型设备试车等，这些活动不是日常生产过程中的活动，也不是规律性的活动，但这类作业活动由于其临时性或发生的概率很少，对于可能潜在的危机常常被忽视。

四、应急救援预案的基本结构和内容

火灾事故应急救援是为预防、控制和消除事故对人类生命、财产和环境造成重大损害所采取的反应救援行动。应急救援预案则是开展应急救援行动的行动计划和实施指南。应急救援预案实际上是一个透明和标准化的反应程序，使应急救援活动能按照预先周密的计划和最有效的实施步骤有条不紊地进行。这些计划和步骤是快速响应和应急救援的基本保证。

应急救援预案是应急体系建设中的重要组成部分，应该有完整的系统设计、标准化的文本文件、行之有效的操作程序和持续改进的运行机制。

无论是哪一种应急救援预案，其基本结构可采用“1+4”的结构模式，即一个基本预案加上功能（职能）设置、特殊风险预案、应急标准化操作程序和保障支持系统四个分预案，如图 7—1 所示。

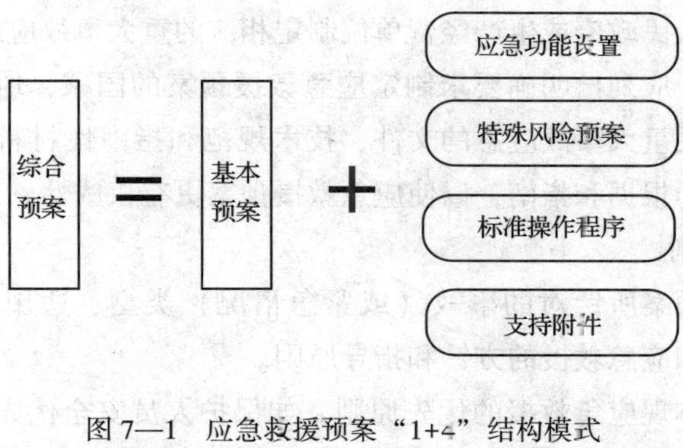

图 7—1　应急救援预案“1+4”结构模式

1. 基本预案

基本预案也称“领导预案”，是应急反应组织结构和政策方针的综述，还包括应急行动的总体思路和法律依据，指定和确认各部门在应急救援预案中的责任与行动内容。其主要内容包括最高行政领导承诺、发布令、基本方针政策、主要分工职责、任务与目标、基本应急程序等。基本预案一般是对公众发布的文件。

基本预案可以使政府和企业高层领导能从总体上把握本行政区域或行业系统针对突发事故应急的有关情况，了解应急准备状况，同时也为制定其他应急救援预案如标准化操作程序、应急功能设置等提供框架和指导。基本预案包括以下12项内容。

（1）预案发布令

组织或机构第一负责人应为预案签署发布令，援引国家、地方、上级部门相应法律和规章的规定，宣布应急救援预案生效。其目的是要明确实施应急救援预案的合法授权，保证应急救援预案的权威性。

在预案发布令中，组织或机构第一负责人应表明其对应急管理和应急救援工作的支持，并督促各应急部门完善内部应急响应机制，制定标准操作程序，积极参与培训、演练和预案的编制与更新等。

（2）应急机构署名页

在应急救援预案中，可以包括各有关内部应急部门和外部机构及其负责人的署名页，表明各应急部门和机构对应急救援预案编制的参与和认同，以及履行承担职责的承诺。

（3）术语和定义

应列出应急救援预案中需要明确的术语和定义的解释和说明，以便使各应急人员准确地把握应急有关事项，避免产生歧义和因理解不一致而导致应急时混乱等现象。

（4）相关法律和法规

我国政府近年来相继颁布了一系列法律法规，对突发公共事件、重大火灾事故、危险化学品、特大安全事故、重大危险源等制定应急救援预案作了明确规定和要求，要求县级以上各级人民政府或生产经营单位制定相应的重大事故应急救援预案。

在基本预案中，应列出明确要求制定应急救援预案的国家、地方及上级部门的法律法规和规定，有关重大事故应急的文件、技术规范和指南性材料及国际公约，作为制定应急救援预案的根据和指南，以使应急救援预案更有权威性。

（5）方针与原则

列出应急救援预案所针对的事故（或紧急情况）类型、适用的范围和救援的任务，以及应急管理和应急救援的方针和指导原则。

方针与原则应体现应急救援的优先原则。如保护人员安全优先，防止和控制事故蔓延优先，保护环境优先。此外，方针与原则还应体现事故损失控制、高效协调，以及持续改进的思想。同时还要符合行业或企业实际。

（6）危险分析与环境综述

列出应急工作所面临的潜在重大危险及后果预测，给出区域的地理、气象、人文等有关环境信息，具体包括以下几方面。

1）主要危险物质及火灾风险因子的种类、数量及特性。

2）重大危险源的数量及分布。

3）危险物质运输路线分布。

4）潜在的重大事故、灾害类型、影响区域及后果。

5）重要保护目标的划分与分布情况。

6）可能影响应急救援工作的不利条件。

影响救援的不利条件包括突发事故发生时间、发生当天的气象条件（温度、湿度、风向、降水）、临时停水、停电、周围环境、邻近区域同时发生事故等。

7）季节性的风向、风速、气温、雨量，企业人员分布及周边居民情况。

（7）应急资源

该部分应对应急资源做出相应的管理规定，并列出应急资源装备的总体情况，包括：应急力量的组成、应急能力；各种重要应急设施（备）、物资的准备情况；上级救援机构或相邻可用的应急资源。

（8）机构与职责

应列出所有应急部门在突发事故应急救援中承担职责的负责人。在基本预案中只要描述出主要职责即可，详细的职责及行动在标准化操作程序中会进一步描述。所有部门和人员的职责应覆盖所有的应急功能。

（9）教育、培训与演练

为全面提高应急能力，应对应急人员培训、公众教育、应急和演练做出相应的规定，包括内容、计划、组织与准备、效果评估、要求等。

应急人员的培训内容包括：如何识别危险、如何采取必要的应急措施、如何启动紧急警报系统、如何进行事件信息的接报于报告、如何安全疏散人群等。

公众教育的基本内容包括：潜在的重大危险、突发事故的性质与应急特点、事故警报与通知的规定、基本防护知识、撤离的组织、方法和程序；在污染区或危险区行动时必须遵守的规则；自救与互救的基本常识。

应急演练的具体形式既可以是桌面演练，也可以是实战模拟演练。按演练的规模可以分为单项演练、组合演练和全面演练。

（10）与其他应急救援预案的关系

列出本预案可能用到的其他应急救援预案（包括当地政府预案及签订互助协议机构的应急救援预案），明确本预案与其他应急救援预案的关系，如本预案与其他预案发生冲突时，应如何解决。

（11）互助协议

列出不同政府组织、政府部门之间、相邻企业之间或专业救援机构等签署的正式互助协议，明确可提供的互助力量（消防、医疗、检测）、物资、设备、技术等。

（12）预案管理

应急救援预案的管理应明确负责组织应急救援预案的制定、修改及更新的部门，应急救援预案的审查和批准程序，预案的发放、应急救援预案的定期评审和更新。

2. 应急功能设置

预案应紧紧围绕应急工作中主要功能而编制，明确执行预案的各部门和负责人的具体任务。

应急功能设置分预案中要明确从应急准备到应急恢复全过程的每一个应急活动中，各相关部门应承担的责任和目标，每个单位的应急功能要以分类条目和单位功能矩阵表来表示，还要以部门之间签署的协议书来具体落实。

应急需要的功能，一般来说，依突发事故风险的水平和可能导致的事故类型而不同，但作为一般意义上，应具有一些基本应急功能，其核心的功能包括：接警与通知、指挥与控制、警报与紧急公告、通信、事态监测与评估、警戒与管制、人群疏散、人群安置、医疗与卫生、公共关系、应急人员安全、消防与抢险、现场处置、现场恢复等。这里应明确每一个应急功能所对应的职责部门和目标。所有的应急功能都要明确“做什么”“怎么做”和“谁来做”三个问题。

（1）接警与通知

准确了解突发事故的性质和规模等初始信息，是决定启动应急救援的关键，接警作为应急响应的第一步，必须对接警与通知要求做出明确规定。

（2）指挥与控制

重大火灾事故的应急救援往往涉及多个救援部门和机构，因此，对应急行动的统一指挥和协调是有效开展应急救援的关键。建立统一的应急指挥、协调和决策程序，便于对事故进行初始评估，确认紧急状态，从而迅速有效地进行应急响应决策，建立现场工作区域，指挥和协调现场各救援队伍开展救援行动，合理高效地调配和使用应急资源等。

（3）警报和紧急公告

当事故可能影响到事发地周边企业或居民区时，应及时启动警报系统，向公众发出警报，同时通过各种途径向公众发出紧急公告，告知事故性质、对健康的影响、自我保护措施、注意事项等，以保证公众能够及时做出自我防护响应。决定实施疏散时，应通过紧急公告确保公众了解疏散的有关信息，如疏散时间路线、随身携带物、交通工具及目的地等。

（4）通信

通信是应急指挥、协调和与外界联系的重要保障．在现场指挥部，各应急救援部门、机构，新闻媒体，医院，上级政府，以及外部救援机构之间，必须建立完善的应急通信网络，在应急救援过程中应始终保持通信网络畅通，并设立备用通信系统。

（5）事态监测与评估

在应急救援过程中必须对事故的发展势态及影响及时进行动态的监测，建立对事故现场及场外的监测和评估程序。事态监测在应急救援中起着非常重要的决策支持作用，其结果不仅是控制事故现场，制定消防、抢险措施的重要决策依据，也是划分现场工作区域、保障现场应急人员安全、实施公众保护措施的重要依据。即使在现场恢复阶段，也应当对现场和环境进行监测。

在对危险物质进行监测时，一定要考虑监测人员的安全，到事故影响区域进行检测，监测人员要穿上防护服。

（6）警戒与治安

为保障现场应急救援工作的顺利开展，在事故现场周围建立警戒区域，实施交通管制，维护现场治安秩序是十分必要的。其目的是要防止与救援无关人员进入事故现场，保障救援队伍、物资运输和人群疏散等的交通畅通，并避免发生不必要的伤亡。

该职责一般由公安部门或企业保安人员负责，由于警戒人员往往是第一个到达现场，因此，对危险物质事故有关知识必须进行培训．并列出警戒人员的个体防护准备。

（7）人员疏散与安全避难

人群疏散是减少人员伤亡扩大的关键，也是最彻底的应急响应。事故的大小、强度、爆发速度、持续时间及其后果严重程度，是实施人群疏散应予考虑的一个重要因素，它将决定撤退人群的数量、疏散的可用时间及确保安全的疏散距离。

在紧急情况下，根据事故的现场情况也可以选择现场安全避难方法。疏散与避难疏散一般由政府组织进行，但企业、社区或政府部门必须事先做好准备，积极与地方政府主管部门合作，保护公众免受紧急事故危害。

（8）医疗与卫生

及时有效的现场急救和转送医院治疗，是减少事故现场人员伤亡的关键。在该功能中应明确针对可能发生的重大事故，为现场急救、伤员运送、治疗等所做的准备和安排，或者联络方法。

（9）公共关系

突发事故发生后，不可避免地会引起新闻媒体和公众的关注，应将有关事故或事件的信息、影响、救援工作的进展、人员伤亡情况等及时向媒体和公众公布，以消除公众的恐慌心理，避免公众的猜疑和不满。

（10）应急人员安全

重大火灾事故尤其是涉及危险物质的重大事故的应急救援工作危险性极大，必须对应急人员自身的安全问题进行周密的考虑，包括安全预防措施、个体防护设备、现场安全监测等，明确紧急撤离应急人员的条件和程序，保证应急人员免受事故的伤害。

（11）消防及抢险

消防与抢险在重大火灾事故应急救援中对控制事态的发展起着决定性的作用，是火灾应急救援预案的核心内容之一，属于现场处置，承担着火灾扑救、救人、破拆、重要物资转移与疏散等重要职责。该应急功能应明确：

1）消防、事故责任部门等的职责与任务。

2）消防与抢险的指挥与协调。

3）消防及抢险力量情况。

4）可能的重大事故地点的供水及灭火系统情况。

5）针对事故的性质，拟采取的扑救和抢险对策和方案。

6）消防车、供水方案或灭火剂的准备。

7）破拆、起重（吊）、推土等大型设备的准备。

8）搜寻和营救人员的行动措施。

搜寻和营救行动通常由消防队执行，如果人员受伤、失踪或困在建筑物中，就需要启动搜寻和营救行动。

（12）现场恢复

现场恢复是指将事故现场恢复到相对稳定、安全的基本状态。

只有在所有火灾扑灭、没有点燃危险存在、所有气体泄漏物质已经被隔离和剩余气体被驱散、环境污染物被消除，满足于按规定的条件时，应急总指挥才可以宣布结束应急状态。

当应急结束后，应急总指挥应该委派恢复人员进入事故现场，清理重大破坏设施，恢复被损坏的设备和设施，清理环境污染物处置后的残余等。

在应急结束后，事故区域还可能存在危险，如残留有毒物质、可燃物继续爆炸、建筑物结构由于受到冲击而倒塌等。因此，还应对事故及受影响区域进行检测，以确保恢复期间的安全。环保监测部门的监测人员应该确定受破坏区域的污染程度或危险性。如果此区域可能给相关人员带来危险，安全人员要采取一定的安全措施，包括发放个人防护设备、通知所有进入人员有关受破坏区的安全限制等。

恢复工作人员应该用彩带或其他设施将被隔离的事故现场区域围成警戒区。公安部门或保安人员应防止无关人员入内，还要通知保安人员如何应对管理部门的检查。

事故调查主要集中在事故如何发生及为何发生等方面。事故调查的目的是找出操作程序、工作环境或安全管理中需要改进的地方，评估事故造成的损失或环境危害等，以避免事故再次发生。一般情况下，需要成立事故调查组。

3. 特殊风险分预案

特殊风险管理是主要针对具体突发和后果严重的特殊危险事故或突发事故及特殊条件下的事故应急响应而制定的指导程序。特殊风险管理具体内容根据不同事故或事件情况设定的，通常包括基本应急程序的行动内容外，还应包括特殊事故或事件的特殊应急行动，它是前两部分的重要补充。

特殊风险分预案是在公共安全风险评介的基础上，进行可信不利场景的危险分析，提出其中若干类不可接受风险。根据风险的特点，针对每一特殊风险中的应急活动，分别划分相关部门的主要负责、协助支持和有限介入三类具体的职责。不同企业和不同行业的风险不同，事故类型也不同，应针对其不同的特殊风险水平来制定相应的特殊风险管理内容。对于火灾事故中的危险性较大、影响程度较严重的场景，如剧毒化学品的泄漏、核事故等，需要制定特殊的风险处置预案。

4. 应急标准化操作程序

标准操作程序（Standard Operation Procedures，SOPs）是对“基本预案”的具体扩充，说明各项应急功能的实施细节，其程序中的应急功能与“应急功能设置”部分协调一致，其应急任务符合“特殊风险管理”的内容和要求，并对“特殊风险”的应急流程和管理进一步细化。同时，SOPs 内涉及的一些具体技术资料信息等可以在“支持附件”部分查找，以供参考。由此可见，应急救援预案的以上各部分相互联系、相互作用、相互补充，构成了一个有机整体。

应急标准化操作程序主要是针对每一个应急活动执行部门，在进行某几项或某一项具体应急活动时所规定的操作标准。这种操作标准包括一个操作指令检查表和对检查表的说明，一旦应急救援预案启动，相关人员可按照操作指令检查表，逐项落实行动。应急标准化操作程序是编制应急救援预案中最重要和最具可操作性的文件，回答的是在应急活动中谁来做、如何做和怎样做的一系列问题。突发事故的应急活动需要多个部门参加，应急活动是由多种功能组成，所以每一个部门或功能在应急响应中的行动和具体执行的步骤要有一个程序来指导。事故发生是千变万化的，会出现不同的情况，但应急的程序是有一定规律，标准化的内容和格式可保证在错综复杂的事故中不会造成混乱。一些成功的救援多是因为制定了有效的应急救援预案，才使事故发生时可以做到迅速报警，通信系统及时地传达有效信息，各个应急响应部门职责明确，分工清晰，做到忙而不乱，在复杂的救援活动中井然有序。

标准中应明确应急功能，应急活动中的各自职责，明确具体负责部门和负责人。还应明确在应急活动中具体的活动内容，具体的操作步骤，并应按照不同的应急活动过程来描述。

5. 支持附件

应急活动的各个过程中的任务实施都要依靠支持附件的配合和支持。这部分内容最全面，是应急的支持体系。支持附件的内容很广泛，一般应包括以下几点：

（1）组织机构附件。

（2）法律法规附件。

（3）通信联络附件。

（4）信息资料数据库。

（5）技术支持附件。

（6）协议附件。

（7）通报方式附件。

（8）重大火灾事故处置措施附件。

五、火灾事故应急救援预案应急响应

1. 工作程序

火灾事故的应急响应工作是一个复杂的系统工程，每一个环节可能需要牵涉到方方面面的政府部门和救援力量。依据属地管理、分级负责的原则，事发地县级以上地方人民政府及其相关部门在事故应急工作中起主导作用。各相关部门按照职责分工承担的应急功能不同。

各级公安机关消防部门主要工作如下：

（1）参与火灾事故的应急指挥、协调、调度。

（2）负责火灾事故接报、报告、应急监测、污染源排查、调查取证等工作。

（3）根据现场调查情况及专家组意见对事态评估、信息发布、级别判断、现场应急处置、人员防护、隔离疏散、抢险救援、应急终止等工作提出建议。

应急响应的主要环节和工作程序为：接报、判断、报告、预警、启动应急救援预案、成立应急指挥部、成立现场指挥部、开展应急处置、应急终止。

2. 工作原则

（1）以人为本，减少危害。切实履行政府的社会管理和公共服务职能，把保障公众健康和生命财产安全作为首要任务，最大限度地保障公众健康，保护人民群众生命财产安全。

（2）依法应急，规范处置。依据有关法律和行政法规，加强应急管理，维护公众合法环境权益，使应对火灾事故的工作规范化、制度化、法制化。

（3）统一领导，协调一致。在各级党委、政府的统一领导下，充分发挥消防安全专业优势，切实履行部门工作职责。形成统一指挥、各负其责、协调有序、反应灵敏、运转高效的应急指挥机制。

（4）属地为主，分级响应。坚持属地管理原则，充分发挥基层党委、政府的主导作用，动员乡镇、社区、企事业单位和社会团体的力量，形成上下一致、主从清晰、指导有力、配合密切的应急处置机制。

（5）依靠专家，科学处置。采用先进的监测、预测和应急处置技术及设施，充分发挥专家队伍和专业人员的作用，提高应对火灾事故的科技水平和指挥能力，避免发生次生、衍生事件，最大限度地消除或减轻事故造成的中长期影响。

第五节　火灾应急救援预案的实例

一、应急培训与演练

1. 应急救援预案培训的原则和范围

应急救援预案培训与演练的指导思想应以加强基础、突出重点、边练边战、逐步提高为原则。

（1）应急救援预案培训的范围

应急救援预案培训的范围应包括以下几点：

1）政府主管部门的培训。

2）社区居民的培训。

3）企业全员的培训。

4）专业应急救援队伍的培训。

（2）应急救援预案培训的基本内容

基本应急救援预案培训主要包括以下几方面：

1）报警。

2）疏散。

3）火灾应急培训。

4）不同水平应急者培训。

在具体培训中，通常将应急者分为5种水平，即初级意识水平应急者；初级操作水平应急者；危险物质专业水平应急者；危险物质专家水平应急者；事故指挥者水平应急者。

（3）训练和演练的类型

根据应急救援预案演练规模可以分为桌面演练、功能演练和全面演练。根据演练的基本内容不同可以分为基础训练、专业训练、战术训练和自选科目训练。

二、某小区物业的消防安全应急救援预案实例

1. 消防组织架构

指挥部：由管理处主任和保安主管任总指挥和副总指挥担任。

保障小组：由工程部人员组成。

抢救疏散小组：由管理处办公室人员以及管理处其他部门人员组成。

灭火小组：由保安队长和小区全体保安人员组成（小区义务消防队员）。

2. 报警程序

（1）监控中心值班员发现消防系统报警信号或接到火警报告后（尤其是消火栓报警），应用对讲机通知巡逻保安员或管理员迅速赶往报警现场核实，查明报警原因。

（2）巡逻保安员或管理员接到火警通知后，迅速赶往报警地点核实。

（3）经报警地点现场检查属误报，立即进行系统复位。

（4）现场检查人员确认属实，立即向中控室值班员反馈，说明火势大小、燃物质的属性。

（5）向主管报告，据火势大小征求意见向消防部门报警，报警述语："我们是明德八英里区，位置在丈八东路 6 号现××楼××层发生火灾，燃烧物质中×××，请求灭火。"并记录报警时间。做到：报警准确、通信畅通，迅捷清楚。

（6）做好火警相关记录。

3. 应急处置

发现初期火警，现场人员应该采取以下应急处置方法：

（1）应立即按动现场附近手动报警器按钮，同时用对讲机或消防电话向中控室报告内容包括火警具体地点、燃烧物性质、火势蔓延方向等。

（2）立即按照灭火策略及方法利用附近的灭火器进行扑救，尽量控制火势蔓延并将火灾扑灭在火灾初期。

（3）中控室收到收到报警信号后，应使消防主机处于联动状态。

（4）启动该区域电梯迫降按钮，迫降电梯。

（5）启动该区域正压送风机和排烟机。

（6）如火灾发生在地下车库，还要启动消防广播，引导客户疏散；并迫降倦闸门。

4. 灭火器无法控制的处置方法

若火势较大，灭火器不能扑灭大火，应采取以下应急处置方法：

（1）现场人员应打开火灾现场附近消火栓。

（2）按动消火栓报警按钮报警。

(3) 同时接好水带扑灭火灾。

(4) 如果火灾现场在楼层，则应用沙袋堵在电梯厅门口，防止水进入电梯，损坏电梯。

(5) 中控室接到消火栓手报信号后，立即启动消火栓泵。如果接到水流指示器报警，则立即启动喷淋泵。

5. 消防总指挥

消防总指挥接到报告后应采取以下应急处置方法：

(1) 向监控中心值班人员及有关人员查询起火的具体方位、燃烧物质、人员分布及疏散情况，消防设备的运行状况及灭火人员的到位情况。

(2) 命令监控中心值班员启动相应的消防系统，监视报警运行信号，打开应急广播，根据失火的方位、火势的大小，通知小区有关的人员紧急疏散。

(3) 命令各级指挥员根据各自的分工，各就各位，明确布置救人、疏散物资和灭火方案。

(4) 掌握火场扑救情况，命令火灾现场抢救指挥员使用安全通道紧急疏散火警现场及可能受影响范围内的人员。

6. 保障小组

保障小组接到报警后应采取以下应急处置方法：

(1) 在工程主管领导下，负责消防设备的正常运作。

(2) 切断电源火灾现场电源，关闭所有非消防用电设备，启动备用电源。

(3) 确保消防供水。

(4) 确保通信联络畅通。

(5) 确保消防电梯正常运行。

7. 现场灭火组

现场灭火组指挥员接到指令后应采取以下应急处置方法：

(1) 根据总指挥的命令，带领义务消防队员，在最短时间内到达现场。

(2) 确切判断燃烧物质的性质，决定和指挥义务消防队员使用灭火器材和消防设备灭火。

(3) 迅速向总指挥报告火灾现场情况。

(4) 向总指挥建议采取和改变某种扑救方式。

(5) 根据现场需要通知消防中心值班人员操作相应的消防设备。

8. 现场抢救说疏散指挥员

现场抢救疏散组指挥员接到指令后应采取以下应急处置方法：

(1) 指挥抢救组火速赶赴现场，本着先救人后救物的原则，按顺序救护人员，抢救物资。

（2）引导用户从消防电梯或通道疏散到首层，无法从消防电梯或通道疏散到首层时，引导用户疏散到天台上风处等待营救，并组织水枪掩护。

（3）逐房检查，核实疏散人员是否完全撤离火灾现场。

（4）指挥引导火灾区域人员安全疏散。

（5）指挥医疗救护小组运输组救护重伤员到附近医院进行抢救。

（6）指挥运送火场急需灭火消防器材和设备。

（7）指挥看护组看护好贵重物品。

（8）指挥保安人员维护好小区外围秩序，防止不法分子趁机盗窃、破坏，严禁非救火人员进入和靠近小区。

（9）指挥清除路障，指挥无关车辆离开现场，保障消防通道畅通。

（10）安排人员在主要路口等候引导消防车到达现场。

9. 灭火的策略及方法

灭火策略有以下几种：

（1）室内灭火，内攻近战——扑救楼层火灾要深入内部，打近战。进攻的途径可从建筑内部的楼梯间、廊等，也可由外部从窗口、阳台或临时架设的消防梯、登高消防车等进入楼层内，进行灭火。

（2）楼房火灾，分层截击；下层火灾，上层设防—这两个方法相似，主要是为了防止火势在垂直和水平方向蔓延。在起火的楼层部署灭火力量的同时，要在受火势威胁较大的上面楼层部署力量堵截火势；在起火层的下层也要部署一定的力量，防止蔓延。

10. 疏散救人的方法

（1）由指挥部发出疏散指令，消防中心利用广播引导人们从消防梯疏散到安全地带，抢救疏散组负责安排疏散工作。

（2）疏散顺序：首先为着火层人员，其次是着火层上一层人员，再次为着火层上二层人员，并依次往上。当火灾层以上很有可能受火灾影响的人员全部疏散后，开始依次疏散火灾楼层的下一层、再下一层人员。

（3）疏散时注意墙角、门旁以及桌子和其他物体的下面，以防受困人员疏漏。

（4）当楼层火灾面积大，受困人员较多时，可先引导、疏散受困人员到安全地带，然后再设法转移到地面。

（5）如被困的人员无法利用消防楼梯疏散时，可利用云梯、曲臂车等登高工具，架设在楼房安全位置实施抢救；也可利用室外排水管或安全绳抢救被困人员；也可张开救生网或帆布，把棉被铺在地面，以供被困人员跳楼逃生。

（6）当火场被困人员暂时无法施救时，可利用消防广播引导火场人员进行自救：如用被条连接成绳吊落下层的方法；或密闭窗、堵塞孔洞，防止烟气窜入房间，再用水淋湿门窗降温，清除这些部位的易燃物品，防止火势蔓延进来，若房内有救生器材，则引导他们使用这些器材，如救生绳、缓降器、救生袋进行自救。

复习思考题

1. 建筑火灾救援时应注意哪些问题？
2. 如何预防电气火灾的发生？
3. 危险化学品发生火灾的特点有哪些？
4. 应急救援预案有哪些基本要求？
5. 应急救援预案主要内容包括哪些？
6. 简述应急救援预案响应的工作程序和原则。

技能实训十 火灾应急救援预案的演练

一、任务要求

根据本章所学的火灾应急救援预案的基本内容，为你所处的企事业单位或者学校编制合理的火灾事故应急救援预案并按照该应急救援预案进行实际演练。

二、任务解析

1. 火灾事故应急救援预案的内容

（1）总则。

（2）组织指挥体系及职责。

（3）预警和预防机制。

（4）应急响应。

（5）后期处置。

（6）保障措施。

（7）附则。

（8）附录。

2. 画出楼层平面图，设计好逃生和救援路线。

3. 按照应急救援预案的体系及小组分工，进行实际演练，通过启动应急救援预案，在实践中发现不足。

参考文献

[1] 徐国华，张德，赵平. 管理学. 北京：清华大学出版社，1998.

[2] 熊一新，李健和. 治安管理学概论. 北京：中国人民公安大学出版社，2004.

[3] 宋光积. 实用消防管理学. 北京：中国人民公安大学出版社，2001.

[4] 聂焱如. 墨子与消防. 北京：现代职业安全，2007（04）.

[5] 张家忠. 消防管理实训教程. 北京：中国人民公安大学出版社，2012.

[6] 郑端文. 消防安全管理. 北京：化学工业出版社，2009.

[7] 郑瑞文. 消防安全技术（第二版）. 北京：化学工业出版社，2011.

[8] 康青春. 消防灭火救援工作实务指南. 北京：中国人民公安大学出版社，2011.

[9] 王精忠，马红梅，刘明. 消防管理教程（第二版）. 北京：中国人民公安大学出版社，2011.

[10] 李国防. 消防安全培训教程. 北京：中国人民公安大学出版社，2009.

[11] 中华人民共和国公安部. 火灾自动报警系统设计规范. 北京：中国计划出版社，2013.